Ejecución de muros de mampostería

Juan José Trujillo Cebrián

ic editorial

Ejecución de muros de mampostería
© Juan José Trujillo Cebrián

1ª Edición

© IC Editorial, 2025

Editado por: IC Editorial
c/ Cueva de Viera, 2, Local 3
Centro Negocios CADI
29200 Antequera (Málaga)
Teléfono: 952 70 60 04
Fax: 952 84 55 03
Correo electrónico: iceditorial@iceditorial.com
Internet: www.iceditorial.com

ISBN: 978-84-1184-901-2
Depósito Legal: MA 933-2025

Impresión: PODiPrint
Impreso en Andalucía – España

Nota de la editorial: IC Editorial pertenece a Innovación y Cualificación S. L.

Presentación del manual

El **Certificado de Profesionalidad** es el instrumento de acreditación, en el ámbito de la Administración laboral, de las cualificaciones profesionales del Catálogo Nacional de Cualificaciones Profesionales adquiridas a través de procesos formativos o del proceso de reconocimiento de la experiencia laboral y de vías no formales de formación.

El elemento mínimo acreditable es la **Unidad de Competencia.** La suma de las acreditaciones de las unidades de competencia conforma la acreditación de la competencia general.

Una **Unidad de Competencia** se define como una agrupación de tareas productivas específica que realiza el profesional. Las diferentes unidades de competencia de un certificado de profesionalidad conforman la **Competencia General,** definiendo el conjunto de conocimientos y capacidades que permiten el ejercicio de una actividad profesional determinada.

Cada **Unidad de Competencia** lleva asociado un **Módulo Formativo,** donde se describe la formación necesaria para adquirir esa **Unidad de Competencia,** pudiendo dividirse en **Unidades Formativas.**

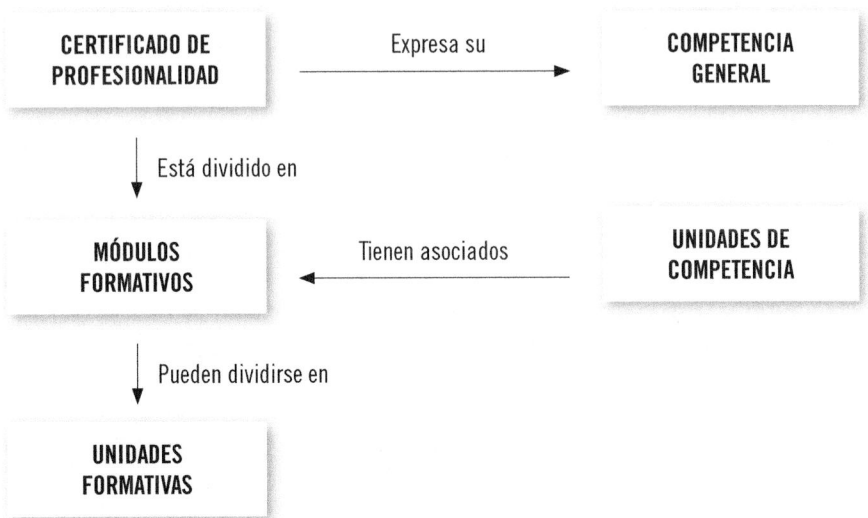

El presente manual desarrolla la Unidad Formativa **UF0305: Ejecución de muros de mampostería,**

perteneciente al Módulo Formativo **MF0143_2: Obras de fábrica vista,**

asociado a la unidad de competencia **UC0143_2: Construir fábricas vistas,**

del Certificado de Profesionalidad **Fábricas de albañilería**

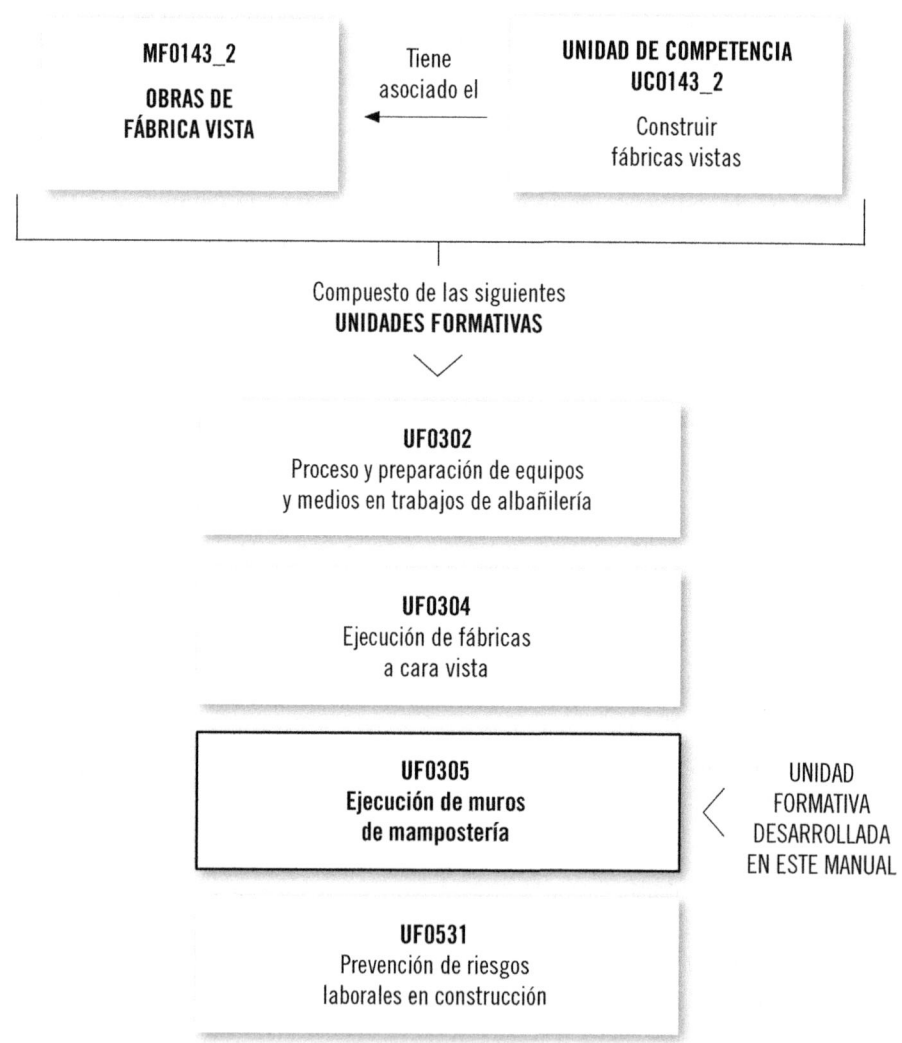

FICHA DE CERTIFICADO DE PROFESIONALIDAD

(EOCB0108) FÁBRICAS DE ALBAÑILERÍA (R. D. 1212/2009, de 17 de julio, modificado por el R. D. 615/2013, de 2 agosto)

COMPETENCIA GENERAL: Organizar y realizar obras de fábrica de albañilería de ladrillo, bloque y piedra (muros resistentes, cerramientos y particiones), siguiendo las directrices especificadas en documentación técnica y las prescripciones establecidas en materia de seguridad y calidad.

Cualificación profesional de referencia		Unidades de competencia	Ocupaciones o puestos de trabajo relacionados:
EOC052_2 FÁBRICAS DE ALBAÑILERÍA (RD 295/2004 de 20 de febrero y modificaciones de RD 872/2007 de 2 de julio)	UC0869_1:	Elaborar pastas, morteros, adhesivos y hormigones	• 7110.001.6 Albañil • 7110.005.0 Colocador de ladrillo caravista • 7110.005.0 Albañil caravistero • 7110.002.7 Mampostero • Colocador de bloque prefabricado • Albañil tabiquero • Albañil piedra construcción • Oficial de miras • Jefe de equipo de fábricas de albañilería
	UC0142_1:	Construir fábricas para revestir	
	UC0143_2:	Construir fábricas vistas	
	UC0141_2:	Organizar trabajos de albañilería	

Correspondiencia con el Catálogo Modular de Formación Profesional

Módulos certificado	Unidades formativas	Horas U.F.
MF0869_1: Pastas, morteros, adhesivos y hormigones		30
MF0142_1: Obras de fábrica para revestir	UF0302: Proceso y preparación de equipos y medios en trabajos de albañilería	40
	UF0303: Ejecución de fábricas para revestir	80
MF0143_2: Obras de fábrica vista	UF0302: Proceso y preparación de equipos y medios en trabajos de albañilería	40
	UF0304: Ejecución de fábricas a cara vista	80
	UF0305: Ejecución de muros de mampostería	70
	UF0531: Prevención de riesgos laborales en construcción	50
MF0141_2:Trabajos de albañilería		60
MP0072: Módulo de prácticas profesionales no laborales de Fábricas de albañilería		80

Índice

Capítulo 2
Interpretación de pliegos y normas de cumplimiento obligado y discrecional

Capítulo 3
Replanteos en planta y en alzado

Capítulo 4
Relaciones de fábricas y otros elementos de obra

Capítulo 5
Elementos auxiliares

Capítulo 6
Protecciones contra la humedad

Bloque 1
Materiales utilizados en muros de mampostería

Contenido

Capítulo 1

Piedra en rama, ripios

Contenido

1. Introducción

Los muros de mampostería son obras de fábrica que se realizan utilizando como elementos resistentes fragmentos de piedra, más o menos trabajada y preparada, colocados con cierto orden y que pueden estar unidos por algún tipo de aglomerante que le ofrece mayor cohesión y solidez al conjunto final. También se pueden realizar muros de mampostería en seco, sin aglomerante entre los mampuestos.

En un muro de mampostería los fragmentos de piedra o mampuestos tienen formas y tamaños desiguales, sin labrar, y colocados con aparejo irregular. También se considera muro de mampostería el ejecutado con sillarejos. Estos son fragmentos de piedra a los que se les realiza en sus caras un labrado tosco a fin de suavizar sus formas y que su acoplamiento en la formación del muro sea más adecuado.

2. Piedra en rama, ripios

La **piedra** es un material de construcción que se extrae directamente de las rocas existentes en la corteza terrestre.

Los muros de piedra se han venido utilizando en construcción a lo largo de la historia en casi todas las épocas. En la actualidad, su uso se ha hecho más restringido por su elevado coste respecto a otras soluciones, ya que la realización de un muro de mampostería requiere de una gran cantidad de mano de obra, convirtiéndolo en menos competitivo económicamente.

Normalmente los muros de mampostería se realizan con espesores superiores a los 40 centímetros, ofreciendo una gran resistencia a compresión. Es escasa su resistencia a flexión y a tracción.

 Sabía que...

La piedra es la materia prima más consumida por el ser humano después del agua.

2.1. Tipos y propiedades de las rocas

Según el tipo de formación de la roca de la que se extrae la piedra utilizada habitualmente en construcción, se puede dividir en tres tipos:

TIPO DE ROCA SEGÚN SU NATURALEZA DE FORMACIÓN	FORMACIÓN	EJEMPLO
Ígnea	Formada a partir del fundido natural de material terrestre. Piedra de gran dureza.	Granito, Basalto
Sedimentaria	Formadas por erosión de rocas ígneas debida a la acción de agentes naturales, transportadas por el agua y que al asentarse se compactan por efecto de la presión formando nuevas rocas.	Caliza, Arenisca, Piedra Arcillosa
Metamórfica	Generadas a partir de rocas ígneas y sedimentarias, modificándose sus cualidades por efecto del calor y la presión.	Mármol, Cuarcita, Pizarra

Según el uso que se le va a dar a la piedra, y las solicitaciones a las que va a estar sometida, a la hora de elegir la más adecuada hay que tener en cuenta una serie de propiedades de las rocas, como pueden ser:

- **Dureza.** Se pueden encontrar desde rocas muy duras, duras, blandas, quebradizas...
- **Resistencia.** Se valora la mayor o menor resistencia de un determinado tipo de roca a los esfuerzos de compresión, flexión, cizalladura, de abrasión, resistencia al desgaste, resistencia a los agentes atmosféricos, etc.

■ **Posibilidad de labrado.** Dependiendo de la estructura de la roca se puede aplicar más o menos proceso de labra sin que la piedra parta o se descomponga.

■ **Color.** Dependiendo de la naturaleza y el tipo de cada piedra existe una gran variedad de tonos y colores de la roca. Esta es una cualidad a tener muy en cuenta cuando la piedra se va a utilizar en muros en los que su paramento va a quedar visto y del grado de homogeneidad visual de la superficie que se pretenda conseguir.

■ **Porosidad.** A mayor compacidad de una roca, más resistente será a la acción de los agentes externos, a la acción de las heladas, etc., manteniendo por más tiempo sus condiciones y las características de la piedra una vez puesta en obra.

2.2. Piedra en rama y ripio

Se puede definir el concepto de **piedra en rama** a la que se obtiene directamente de la disgregación de la roca mediante su perforación y voladura, sin realizarle ningún tipo de labra o transformación. La piedra en rama puede presentar una granulometría variable dependiendo del tipo de roca de la que se extraiga y del método de obtención.

Piedra en rama.

 Definición

---

Labra

Proceso que consiste en trabajar los bloques de roca extraídos hasta conseguir la forma o estado requeridos para su uso previsto.

Normalmente, por su naturaleza, el suministro de piedra en rama puede contener fragmentos de tamaño excesivo para ser usados en un muro de mampostería, por lo que antes de su colocación, puede ser necesario al menos un trabajo previo de partición en trozos manejables y adaptados a las características del muro al que se destinan.

Según la forma de extracción de la piedra y las características de la zona donde se sitúa la cantera, el material obtenido puede ser muy heterogéneo tanto en tamaño, textura y aspecto. Dependiendo del uso que se le va a dar, en cantera se realizan separaciones por partidas de piedra en rama con unas características determinadas.

En el caso de utilización en fábrica de piedra vista se hace más importante realizar esta clasificación en el suministro del material si se desea obtener paramentos con cierta homogeneidad.

Suministro de piedra en rama.

Según el Diccionario de la Real Academia de la Lengua, se define **ripio** como:

Cascajo o fragmentos de ladrillos, piedras y otros materiales de obra de albañilería desechados o quebrados, que se utiliza para rellenar huecos de paredes o pisos.

Por tanto, en el caso de un suministro de piedra en rama, se consideran ripios los trozos o fragmentos de menor tamaño procedentes de la rotura de piedras mayores.

Hay que tener en cuenta que los ripios se producen durante todo el proceso que sufre la piedra hasta su colocación definitiva:

- **En la cantera,** por rotura de la piedra, se obtiene mayor o menor cantidad de ripio dependiendo del método extractivo utilizado.
- **En la propia obra,** durante la manipulación y adaptación de los mampuestos para su puesta en obra.

A la hora de la ejecución de un muro de mampostería, sobre todo en el caso de colocación en seco de las piedras del paramento exterior, los ripios pueden ser usados para rellenar los huecos que quedan entre los mampuestos de mayor tamaño, acuñándolos y mejorando el acoplamiento entre ellos.

También se suelen utilizar los ripios en la ejecución de muros tomados con mortero de cemento, si bien se evita que sobresalgan en el paramento exterior para conseguir cierta uniformidad en el llagueado entre mampuestos. En este caso, el ripio se utiliza con normalidad en la parte interior del muro, y con él se consiguen algunas **ventajas** como:

- Mejorar el apoyo y estabilidad de las piedras más grandes.
- Reducir el consumo de mortero, al rellenar con ripios los huecos interiores que quedan entre los mampuestos de mayor tamaño.
- Aprovechar al máximo toda la piedra suministrada.

Recuerde

Los ripios pueden ser utilizados para:

I Rellenar los huecos entre los mampuestos y así mejorar su acoplamiento.
I Calzar y estabilizar los mampuestos de mayor tamaño.

En la siguiente imagen se puede observar el paramento de un muro de mampostería con abundancia en el uso de ripios para rellenar los espacios entre los mampuestos de mayor dimensión.

Uso de ripios en fábrica de mampostería.

Aplicación práctica

Determine dos tipos de muros de mampostería en los que se use la piedra en ripios, y su modo de colocación habitual.

SOLUCIÓN

1. Muro de mampostería irregular con juntas secas en su paramento exterior. Al ser los mampuestos irregulares y no llevar mortero en sus juntas exteriores, quedan

Continúa en página siguiente >>

<< Viene de página anterior

muchos huecos entre ellos, que se han de rellenar mediante fragmentos de piedra más pequeños o ripios para mejorar el apoyo y la trabazón entre las piedras de mayor tamaño.

2. Muro de mampostería con juntas entre mampuestos rellenas de mortero.

En este caso, ya que el apoyo y unión entre piedras en la cara exterior se realiza mediante el mortero de cemento, no es necesario el uso de ripios en paramento visto, si bien sí se utilizan estos acuñando los mampuestos en el interior del muro, rellenando los huecos que quedan entre ellos y disminuyendo la cantidad de mortero utilizado.

---

3. Resumen

La piedra es un material de construcción que se extrae directamente de las rocas existentes en la corteza terrestre.

Los muros de mampostería son obras de fábrica que se ejecutan con fragmentos de piedra sin labrar, o mampuestos. También se considera fábrica de mampostería cuando a la piedra se le realiza un leve labrado tosco de sus caras para mejorar el acoplamiento entre los bloques o sillarejos.

Según el tipo de formación de las rocas, estas pueden ser:

- Ígnea, como el granito y el basalto.
- Sedimentaria, como la piedra caliza, areniscas y arcillosas.
- Metamórfica, como el mármol y la cuarcita.

Otras cualidades importantes de la piedra a tener en cuenta según el uso que se le va a dar pueden ser:

- Dureza.
- Resistencia.
- Posibilidad de labrado.
- Color.
- Porosidad.

Se conoce como piedra en rama a los fragmentos de roca tal como se encuentran tras el proceso de extracción en la cantera, sin ningún tipo de labrado o transformación.

Son ripios los fragmentos de piedra más pequeños, fruto del proceso extractivo o de la manipulación posterior de la piedra, que se utilizan para rellenar los huecos existentes entre los mampuestos.

Ejercicios de repaso y autoevaluación

1. Agrupe los siguientes tipos de rocas, determinando el grupo al que pertenecen según la naturaleza de su formación.

Caliza _____

Basalto _____

Cuarcita _____

Mármol _____

Arenisca _____

Granito _____

Piedra Arcillosa _____

2. Relacione las definiciones correspondientes a cada uno de los tipos de roca según su formación.

a. Generadas a partir de rocas ígneas y sedimentarias, modificándose sus cualidades por efecto del calor y la presión.
b. Formadas por erosión de rocas ígneas debida a la acción de agentes naturales, transportadas por el agua y que al asentarse se compactan por efecto de la presión formando nuevas rocas.
c. Formada a partir del fundido natural de material terrestre.

__ Sedimentaria.
__ Ígnea.
__ Metamórfica.

3. Complete las siguientes definiciones.

Se puede definir el concepto de _____ en rama a la que se obtiene directamente de la _____ de la ___ mediante su _____ y voladura, sin realizarle ningún tipo de o _____.

El proceso de labra de la _____ consiste en trabajar los _____ de roca extraídos hasta conseguir la ____ o _____ requeridos para su uso _____.

Se define ripio como: "Cascajo o _____ de ladrillos, _____ y otros materiales de obra de desechados o _____, que se utiliza para _____ huecos de _____ o pisos".

4. **Indique dos formas o momentos en los que normalmente se producen ripios de piedra.**

   _____

   _____

5. **Indique cuáles de las siguientes afirmaciones son falsas o verdaderas, en relación a las ventajas que ofrece la utilización de ripio en un muro de mampostería.**

   a. Mejorar el apoyo y estabilidad de las piedras más grandes.

      ☐ Verdadera
      ☐ Falsa

   b. Aumento del consumo de mortero.

      ☐ Verdadera
      ☐ Falsa

   c. Aprovechamiento máximo de toda la piedra suministrada.

      ☐ Verdadera
      ☐ Falsa

   d. Reducción de la cantidad de mano de obra necesaria para la ejecución del muro.

      ☐ Verdadera
      ☐ Falsa

Capítulo 2
Mampuestos y sillarejos

Contenido

1. Introducción

Los muros de piedra se realizan con fragmentos de roca que dependiendo del labrado que se le de a la misma pueden ser de dos tipos:

1. Muro de mampostería. Se utilizan las piedras al natural, sin labrar, o con un ligero labrado para permitir el acoplamiento entre ellas.
2. Muro de sillería. Se utilizan piedras ya trabajadas y labradas, formando bloques bien moldeados, o sillares, con forma generalmente prismática, que se colocan de forma regular, formando hiladas de forma similar a un muro de ladrillo.

2. Mampuestos y sillarejos

En el caso de muros de sillería, estos quedan fuera del ámbito del presente manual, por lo que en este se estudian las características de los muros de mampostería, que se ejecutan con mampuestos o con sillarejos. La diferencia de ambos radica en que los primeros carecen de labrado previo de la piedra, y en el caso de los sillarejos se les realiza un leve labrado.

Los **mampuestos** son los fragmentos de piedra sin labrar que por su tamaño y peso permite su colocación en obra solo con las ayuda de las manos.

Son de formas y tamaño irregulares, más o menos heterogéneos dependiendo del tipo de roca de la que provienen y del suministro de piedra en rama del que se hayan obtenido.

Muro ejecutado con mampuestos irregulares.

Si bien los mampuestos no presentan ningún tipo de labra, dependiendo del tipo de muro de mampostería que se pretenda ejecutar puede ser necesaria una manipulación previa de las piedras partiendo las de excesivo tamaño o eliminando salientes agudos que dificulten el acoplamiento con el resto de mampuestos del muro.

Los mampuestos y sillarejos han de reunir como mínimo una serie de cualidades como son:

- Resistentes a la acción de los agente atmosféricos.
- Presentar baja heladicidad.
- Resistencia a la abrasión.
- Buena resistencia a la compresión.
- No presentar grietas que pudieran debilitar la piedra.

 Recuerde

La diferencia entre mampuestos y sillarejos es que los primeros carecen de labrado previo de la piedra, y a los segundos se les realiza un leve labrado.

 Definición

Helacidad
Baja resistencia a la helada de una pieza que tiene como consecuencia el deterioro de la misma por desprendimiento, exfoliaciones o roturas ocasionadas por la presión que se origina dentro de dicha pieza al pasar el agua que existía en su interior del estado líquido al estado sólido, con el consiguiente aumento de volumen.

Los **sillarejos** son mampuestos trabajados levemente, en los cuales sus caras se encuentran toscamente labradas. En realidad se pueden considerar como un paso intermedio entre el mampuesto y el sillar. A los sillarejos se les da cierta forma para que se adapten entre sí formando un aparejo no necesariamente lineal aunque relativamente homogéneo, sin alcanzar la regularidad de un muro de sillares.

Muro ejecutado con sillarejos.

 Definición

Sillar
El sillar es cada una de las piezas del muro de piedra que se labra en todas sus caras, de forma prismática, para conseguir un aparejo regular en el muro.

 Sabía que...

Tanto un sillar como un sillarejo es una piedra labrada por uno o más de sus caras. La diferencia principal entre sillar y sillarejo radica en el tamaño y peso del sillar que es tal que normalmente obliga a su manipulación con medios mecánicos, mientras que los sillarejos y mampuestos normalmente permiten su manipulación y puesta en obra por medios manuales.

2.1. Proceso de labrado

El proceso de labrado de la piedra se produce en dos fases principalmente:

1. El **desbaste,** en el que se preparan los fragmentos de piedra, dándole la forma y tamaños aproximados a los que tendrán de manera definitiva para su puesta en obra. Se les da unos centímetros de margen por exceso sobre sus dimensiones finales. El desbaste se suele realizar en cantera. Con el exceso de medida se absorben los eventuales deterioros que puedan sufrir las piedras durante su manipulación y traslado al lugar de puesta en obra definitiva.

2. La **labra definitiva,** que se realiza en obra, en la que se le da a la piedra la forma y dimensiones finales que se necesitan para su puesta en obra. En el caso de los sillarejos, este proceso de labrado no es excesivamente exhaustivo, limitándose únicamente a un leve tallado basto que permita un acoplamiento entre los sillarejos más exacto que en el caso de los mampuestos.

A la técnica de labrado y manipulación de la piedra destinada a fábricas se le denomina **cantería.**

2.2. Tipos de mampostería

Debido a la gran variedad de texturas, tamaños y formas que puede tener la piedra, es muy elevada la diversidad de terminaciones que se pueden alcanzar en los muros de mampostería. Según el tipo de mampuesto utilizado y su forma de colocación es posible realizar una división general de tipos de muros de mampostería:

- **Mampostería de canto rodado.** Se utilizan mampuestos procedentes de río, de forma redondeada sin aristas vivas. Presenta un mayor consumo de mortero debido a que por la forma de los mampuestos se acoplan deficientemente entre sí.

Muro con mampuestos de cantos rodados.

- **Mampostería ordinaria.** Se emplean mampuestos procedentes de cantera, sin labrar, colocados con aparejo irregular.

Muro ejecutado con mampostería ordinaria.

- **Mampostería careada.** Con mampuestos de una cara plana, con lo que se consigue un paramento exterior liso.

Muro con mampostería careada.

- **Mampostería concertada.** Es en la que se combinan los mampuestos seleccionando su forma, de manera que quedan todos acoplados.

Muro con mampostería concertada.

- **Mampostería de hiladas irregulares.** Se utilizan mampuestos irregulares si bien se colocan intentando mantener hiladas más o menos ordenadas.

Muro de mampostería en hiladas irregulares.

- **Mampostería de sillarejos.** Es el muro ejecutado con sillarejos.
- **Mampostería enripiada.** Es aquella en la que los huecos existentes entre los mampuestos se rellenan con trozos pequeños de piedra estabilizando y acuñando las piedras de mayor tamaño. Esta técnica se puede utilizar en la mayoría de tipos de mampostería enunciados anteriormente, especialmente cuando las juntas entre las piedras se realizan en seco.

Muro con mampostería enripiada.

- **Mampostería con verdugada.** Cada cierta altura se ejecuta verdugada de ladrillo macizo que regulariza horizontalmente cada tramo.

Muro con verdugadas de ladrillo tosco.

 Aplicación práctica

Ordene los tipos de mampostería en función de los que se consideren más favorables para el ahorro de mortero de agarre:

I Mampostería de sillarejos.
I Mampostería ordinaria.
I Mampostería enripiada.

Continúa en página siguiente >>

<< Viene de página anterior

I **Mampostería de canto rodado.**
I **Mampostería concertada.**

SOLUCIÓN

1. Mampostería enripiada. De la lista propuesta, este tipo es el más favorable, ya que normalmente los mampuestos del paramento de estos muros se colocan en seco, rellenando las juntas y los espacios vacíos con ripios o piedras pequeñas que acuñan a los mampuestos de mayor tamaño.
2. Mampostería de sillarejos. Al prepararse los fragmentos de piedra con la forma adecuada para formar un aparejo sensiblemente regular, las juntas entre los mismos son de poco espesor, con el consiguiente ahorro de mortero.
3. Mampostería concertada. Con este tipo se mejora el consumo de mortero respecto a la mampostería ordinaria debido a que los mampuestos se acoplan al máximo entre sí, reduciendo los espacios vacíos y por tanto el consumo de mortero.
4. Mampostería ordinaria. Ofrece un consumo mayor de mortero que en el caso de la concertada ya que, dependiendo de la irregularidad de los mampuestos las juntas o espacios entre ellos es de mayor grosor, necesitando mayor cantidad de aglomerante.
5. Mampostería de canto rodado. Desde el punto de vista del ahorro de mortero en su ejecución, este tipo es el más desfavorable de la lista propuesta, ya que los cantos rodados, por su forma, dejan entre ellos muchos espacios vacíos que es necesario rellenar con aglomerante.

---

3. Resumen

Entre los muros de mampostería se distinguen dos tipos generales, según el labrado recibido por las piedras utilizadas, como son:

1. Ejecutados con mampuestos.
2. Ejecutados con sillarejos.

Los mampuestos no reciben ningún tipo de proceso de labrado, colocándose en el muro con su forma natural.

Los sillarejos reciben un leve proceso de labrado tosco en algunas de sus caras de forma que se mejora el acoplamiento entre ellos.

Dependiendo del tipo de mampuesto utilizado y de su colocación se pueden distinguir, entre otros, varios tipos de muros de mampostería de uso más común:

Mampostería de canto rodado
Mampostería ordinaria
Mampostería careada
Mampostería concertada
Mampostería de hiladas irregulares
Mampostería de sillarejos
Mampostería enripiada
Mampostería con verdugada

Ejercicios de repaso y autoevaluación

1. Un fragmento de piedra sin labrar, que por su tamaño y peso permite su colocación en obra solo con la ayuda de las manos, se denomina...

    a. ... sillar.
    b. ... mampuesto.
    c. ... sillarejo.
    d. ... mamperlán.

2. Indique al menos tres cualidades que han de reunir los mampuestos y sillarejos.

_____

_____

3. ¿Qué dos fases se producen principalmente en el proceso de labrado de la piedra?

_____

_____

4. Relacione las siguientes definiciones con el correspondiente tipo de mampostería.

    a. Los huecos existentes entre los mampuestos se rellenan con trozos pequeños de piedra estabilizando y acuñando las piedras de mayor tamaño.
    b. Se utilizan mampuestos procedentes de río, de forma redondeada sin aristas vivas.
    c. Con mampuestos procedentes de cantera, sin labrar, colocados con aparejo irregular.
    d. Se combinan los mampuestos seleccionando su forma, de manera que quedan todos acoplados.

__ Mampostería de canto rodado.
__ Mampostería concertada.
__ Mampostería enripiada.
__ Mampostería ordinaria.

5. Indique cuál de las siguientes afirmaciones es VERDADERA en relación al tipo de mampostería careada.

    a. En este tipo de mampostería, cada cierta altura se ejecuta verdugada de ladrillo macizo que regulariza horizontalmente cada tramo.

    b. Es el muro ejecutado con sillarejos.

    c. Se ejecuta con mampuestos de una cara plana, con lo que se consigue un paramento exterior liso.

    d. Se utilizan mampuestos irregulares si bien se colocan intentando mantener hiladas más o menos ordenadas.

Capítulo 3

Dinteles, jambas y antepechos enterizos

Contenido

1. Introducción

Cuando el muro de mampostería se destina a la contención de tierras no presenta huecos en su superficie, en cambio cuando su destino es para uso estructural o de cerramiento de un espacio habitable, se hace necesario dotarlo de huecos de ventanas y puertas.

Formando esos huecos es donde se distinguen los elementos perimetrales como son dinteles, jambas y antepechos, que permiten mantener la estructura del hueco sin que se debilite el muro.

2. Dinteles, jambas y antepechos enterizos

A lo largo de este epígrafe se van a estudiar los elementos que conforman dichos huecos, como son los dinteles, las jambas y los antepechos. Se definirán cada una de ellos y, posteriormente, se describirán las cualidades que poseen.

2.1. Elementos que configuran el hueco

El muro de mampostería mantiene su estabilidad mediante el reparto y transmisión de tensiones entre cada piedra y las que la rodean. Si en su paramento existe un hueco, se rompe ese equilibrio de fuerzas y los mampuestos que están en el perímetro de la abertura tenderían a desprenderse, provocando la rotura del muro. Para evitar esto, el perímetro del muro ha de estar rodeado de elementos resistentes que contrarresten estos esfuerzos, manteniendo el equilibrio de la fábrica.

Dintel, jambas y antepecho son los elementos que conforman el hueco de una fábrica.

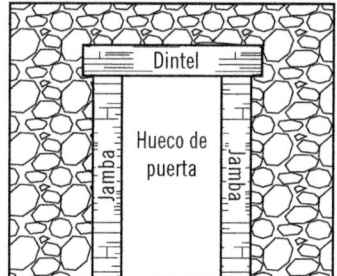 

Hueco en muro de mampostería con dintel, jambas y antepecho enterizos.

Suele ser habitual que estos elementos se ejecuten enterizos, es decir, de una sola pieza de piedra labrada, generalmente de forma prismática.

Su sección ha de ser suficiente para soportar las cargas, tanto verticales como horizontales, a las que les somete el muro. Su dimensionado dependerá de la resistencia del tipo de piedra utilizado en su ejecución.

Hueco en muro de mampostería con dintel, jambas y antepecho enterizos.

2.2. Dintel

El **dintel** es el elemento superior de un hueco abierto en un muro para la formación de una puerta o ventana. Es el componente que se encarga de soportar el peso del paño ciego de muro existente sobre el hueco, transmitiendo dicha carga hacia los apoyos laterales.

 **Definición**

Paño ciego
Muro que no tiene huecos en su superficie.

Además de recibir el peso propio del muro que se encuentra sobre el dintel, también hay que tener en cuenta que recibe la carga que esté soportando el muro desde plantas superiores si este es estructural o resistente.

La forma habitual de ejecutar el dintel en una fábrica de mampostería es mediante una pieza enteriza de piedra labrada, en forma prismática, que cubre el ancho total del hueco apoyando sobre las jambas.

El dintel ha de tener una longitud suficiente como mínimo para cubrir el vano y para apoyar totalmente en el ancho de cada una de las jambas.

Además de ejecutar el dintel con una pieza enteriza, existen también otras formas de salvar la distancia de un hueco en un muro de mampostería, con piezas de piedra labrada, acopladas entre sí formando:

- **Arcos.** Salva la longitud del hueco mediante elemento curvo que puede adoptar diferentes formas. Formado por dovelas en forma de cuña que trasladan la carga del muro superior a las jambas del hueco.
- **Dinteles adovelados.** Dintel horizontal o en forma de arco rebajado, constituido por piezas de piedra o dovelas labradas en forma de cuña, que acopladas entre sí soportan el muro que existe sobre el hueco, transmitiendo la carga a las jambas.

 **Definición**

Dovela

Pieza de piedra labrada, similar a un sillar pequeño, pero con forma de cuña, que acoplada radialmente con las dovelas contiguas forma un arco o dintel curvo que salva la distancia entre las dos jambas de un hueco.

Si bien estos tipos de dinteles se pueden usar en cualquier tipo de muro, su utilización suele ser más habitual en muros de sillería.

2.3. Jambas

Se llama **jamba** a cada uno de los elementos verticales que forman lateralmente el hueco en un muro. Son los elementos sobre los que apoya el dintel.

Las jambas se encargan de soportar verticalmente las cargas que les transmite el dintel, provenientes de la parte superior del muro.

Además de la carga vertical transmitida por el dintel, las jambas han de tener dimensión suficiente para soportar el esfuerzo horizontal de contención de las piedras que forman el muro en los laterales del hueco.

De cualquier forma, las cargas que soportan las jambas son principalmente verticales, por lo que también es habitual realizarlas mediante sillares labrados colocados unos sobre otros formando pilastras verticales en los laterales en el hueco. En la siguiente imagen se muestra un ejemplo de esta tipología de hueco.

Hueco en muro de mampostería con dintel, y antepecho enterizos, y jambas ejecutadas con sillares labrados.

2.4. Antepecho

El **antepecho** es la parte ciega inferior del hueco de una ventana. Es el cerramiento que se levanta desde el suelo hasta la parte inferior del hueco.

Se pueden realizar antepechos enterizos de ventanas, realizados con una única pieza pétrea desde el suelo hasta la parte baja de la ventana. No obstante, no es una solución constructiva habitual ya que esto obliga en ocasiones a utilizar una pieza de piedra de dimensiones poco manejables. Para evitar este inconveniente, es más habitual realizar el antepecho partiendo desde el nivel de piso con el mismo material que el resto del muro, excepto en su franja superior, que se realiza con otras características.

Es esta pieza horizontal que corona el antepecho la que se denomina **alféizar,** aunque por afinidad también se le llame habitualmente **antepecho.** Cuando se realiza con piedra se suele ejecutar en una sola pieza enteriza, similar al dintel, aunque puede ser de menor sección al soportar menos carga que este.

También se denomina **vierteaguas** a esta pieza cuando está dotada de una leve pendiente hacia el exterior, para expulsar el agua que sobre ella se acumula, impidiendo que esta discurra por el paramento y deteriore el antepecho del muro.

Otra acepción conocida de antepecho es cuando se usa para designar el peto o barandilla que se coloca en un lugar elevado para ofrecer protección evitando caídas por el borde. Como ejemplos se pueden citar el antepecho de una terraza, de un balcón, del borde de un puente, etc.

 Recuerde

Es habitual realizar el antepecho partiendo desde el nivel de piso con el mismo material que el resto del muro, excepto en su franja superior, que se realiza con otras características formando el vierteaguas.

En la siguiente imagen se puede observar la formación de dintel y jambas en el hueco de puerta de un muro ejecutado con mampostería. El dintel está realizado con una pieza enteriza de piedra, y las jambas están ejecutadas con varias piezas prismáticas de piedra apoyadas verticalmente entre sí.

*Hueco de puerta ejecutado
en muro de mampostería,
con dintel enterizo.*

 Aplicación práctica

A la vista de lo expuesto en el tema, determine brevemente el proceso lógico de formación de un hueco para ventana en un muro de mampostería que se encuentra en ejecución.

SOLUCIÓN

1. Una vez alcanzado el nivel del alfeizar o antepecho, colocarlo comprobando su horizontalidad y verificando el replanteo correcto de su ubicación.
2. Colocar las piezas de las jambas a cada lado del antepecho, acodalándolas entre ellas y comprobando su correcta verticalidad. Apuntalarlas lateralmente para evitar su vuelco mientras se continúa levantando la fábrica de mampostería.
3. Proseguir con el levantado de la fábrica de mampostería hasta la parte superior de las jambas.
4. Colocación de la pieza enteriza de formación del dintel apoyando directamente sobre las jambas.
5. Continuar con la ejecución de la fábrica de mampostería en toda su longitud.
6. Desmontar los acodalamientos interiores de las jambas una vez alcanzado el siguiente piso con el muro de mampostería.

3. Resumen

Cuando el muro de mampostería se destina a cerramiento de espacios habitables, es necesario que en su paramento existan huecos para puertas y ventanas.

Estos huecos son puntos delicados que merman la solidez del muro. Para evitarlo, el perímetro del hueco se debe ejecutar con elementos resistentes que mantengan la estructura y equilibrio del conjunto. En muros de mampostería, estos elementos se suelen ejecutar con piedras enterizas labradas en una sola pieza.

Los elementos perimetrales de la formación de un hueco de fábrica se denominan:

- Dintel. Parte superior del hueco.
- Jambas. Elementos verticales que delimitan lateralmente el hueco.
- Antepecho. Parte ciega inferior del hueco de una ventana.

Ejercicios de repaso y autoevaluación

1. Relacione cada elemento de formación de un hueco con su correspondiente definición.

    a. Dintel.
    b. Antepecho.
    c. Jamba.

    __ Elemento vertical que forma lateralmente el hueco en un muro.
    __ Elemento superior de un hueco en un muro.
    __ Parte ciega inferior del hueco de una ventana.

2. Cada uno de los elementos sobre los que apoya el dintel, y se encargan de soportar verticalmente las cargas que les transmite éste, provenientes de la parte superior del muro, se denominan:

    a. Antepecho.
    b. Dintel.
    c. Jamba.
    d. Ripio.

3. ¿De qué otras dos formas se puede denominar el antepecho de una ventana?

_____

_____

4. Además de ejecutar las jambas mediante piedras enterizas verticales, ¿de qué otra forma es habitual también ejecutarlas?

_____

_____

_____

_____

5. **Indique cuáles de las siguientes afirmaciones son verdaderas o falsas.**

    a. El dintel ha de tener una longitud suficiente como mínimo de la mitad del vano más la longitud de una de las jambas.

        ☐ Verdadera
        ☐ Falsa

    b. Además de ejecutar el dintel con una pieza enteriza, existen también otras formas de salvar la distancia de un hueco en un muro de mampostería, con piezas de piedra labrada, acopladas entre sí formando arcos y dinteles adovelados.

        ☐ Verdadera
        ☐ Falsa

    c. El término antepecho se usa también para designar el peto o barandilla que se coloca en un lugar elevado para ofrecer protección evitando caídas por el borde.

        ☐ Verdadera
        ☐ Falsa

Método de trabajo en muros de mampostería

Contenido

Capítulo 1

Interpretación de planos y realización de croquis sencillos

Contenido

1. Introducción

A la hora de realizar un muro de mampostería es importante que previamente se tengan definidas sus características, dimensiones básicas, aparejo previsto, ubicación y dimensiones de huecos, y en definitiva cualquier punto singular que determine las particularidades finales de cada fábrica. Esto se refleja en los planos o croquis de los que se disponga antes del comienzo de la ejecución del muro, y les proporcionan ayuda a los operarios para planificar su trabajo y evitar errores e improvisaciones durante el transcurso de la puesta en obra.

2. Interpretación de planos y realización de croquis sencillos

La correcta interpretación de la documentación gráfica de una edificación es el primer paso a realizar para una buena ejecución, ya que de esta dependerán los trabajos que definirán la ejecución de los muros de mampostería.

Además, en ocasiones los planos no dejan resueltos ciertos puntos singulares que van surgiendo durante la elaboración de la misma, por lo que se hace imprescindible la realización de croquis sencillos que permitan, por un lado, al operario, expresar la duda, y por otro, al director facultativo, facilitar la comprensión de lo pretendido.

A lo largo de este epígrafe se definirán en qué consisten y cómo se realizan los planos y croquis.

2.1. Definición e interpretación de croquis y planos

El **croquis** es un dibujo sencillo, que se realiza habitualmente a mano alzada, sin proporciones de escala exactas, que sirve como boceto de lo que se pretende ejecutar.

 **Definición**

Escala
Es la relación proporcional que existe entre la verdadera dimensión de un objeto y la dimensión de su representación gráfica en un dibujo.

El **plano** en cambio representa fielmente el objeto que se desea reflejar en el mismo, con exactitud y proporcionalidad de escala, siguiendo unas reglas de dibujo establecidas.

A veces, el croquis es el paso que precede a la realización del plano definitivo. En otras ocasiones, el croquis contiene información suficiente para ejecutar el trabajo que corresponda, y se utiliza directamente en obra, sin necesidad de elaborar un plano.

En el croquis para la ejecución de un muro, además de representar gráficamente su forma, reflejando formalmente de manera aproximada sus proporciones, se puede incluir cuanta información pueda ser de ayuda para su correcta comprensión por parte de las personas encargadas de realizarlo. De la misma forma, esa información es útil si el croquis se va a utilizar como información previa para la realización de un plano definitivo.

Entre esa información se puede incluir tanto la información gráfica como referencias o anotaciones que complementen los datos:

- Líneas de acotación, indicando las medidas generales del muro, huecos, etc.
- Referencias al tipo de aparejo a realizar en el muro.
- Anotación de huecos previstos.
- Referencias a condiciones de intersección del muro con otros elementos de la obra.

- Ubicación, tipo y dimensiones de elementos singulares como jambas, dinteles, antepechos, desagües, etc.
- Cualquier otra información que se estime que sea necesaria para la correcta ejecución del muro.

Ejemplo de croquis

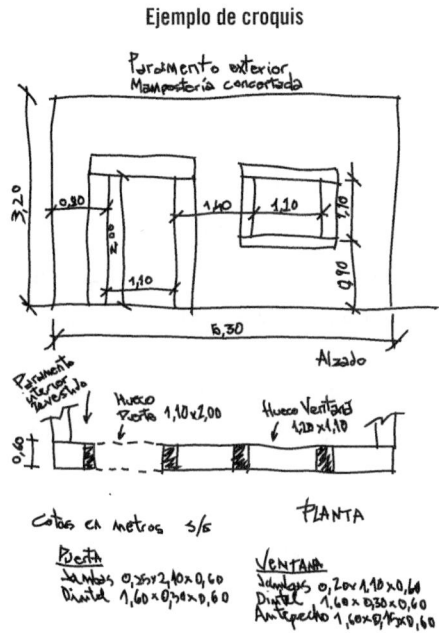

Como se ha indicado, el dibujo que se realiza en un croquis no guarda necesariamente una proporción exacta de escala respecto al objeto real, es por tanto importante incluir en el mismo el mayor número de cotas posibles de forma que todas las dimensiones generales, de huecos, de elementos singulares, etc., queden definidas. Al no estar realizado a escala, en un croquis no es posible medir y determinar la medida de un elemento que no se encuentre dimensionado mediante una línea de cota. En el caso de un plano, este inconveniente no existe ya que ante cualquier dimensión no acotada se puede conocer su medida utilizando la relación de escala.

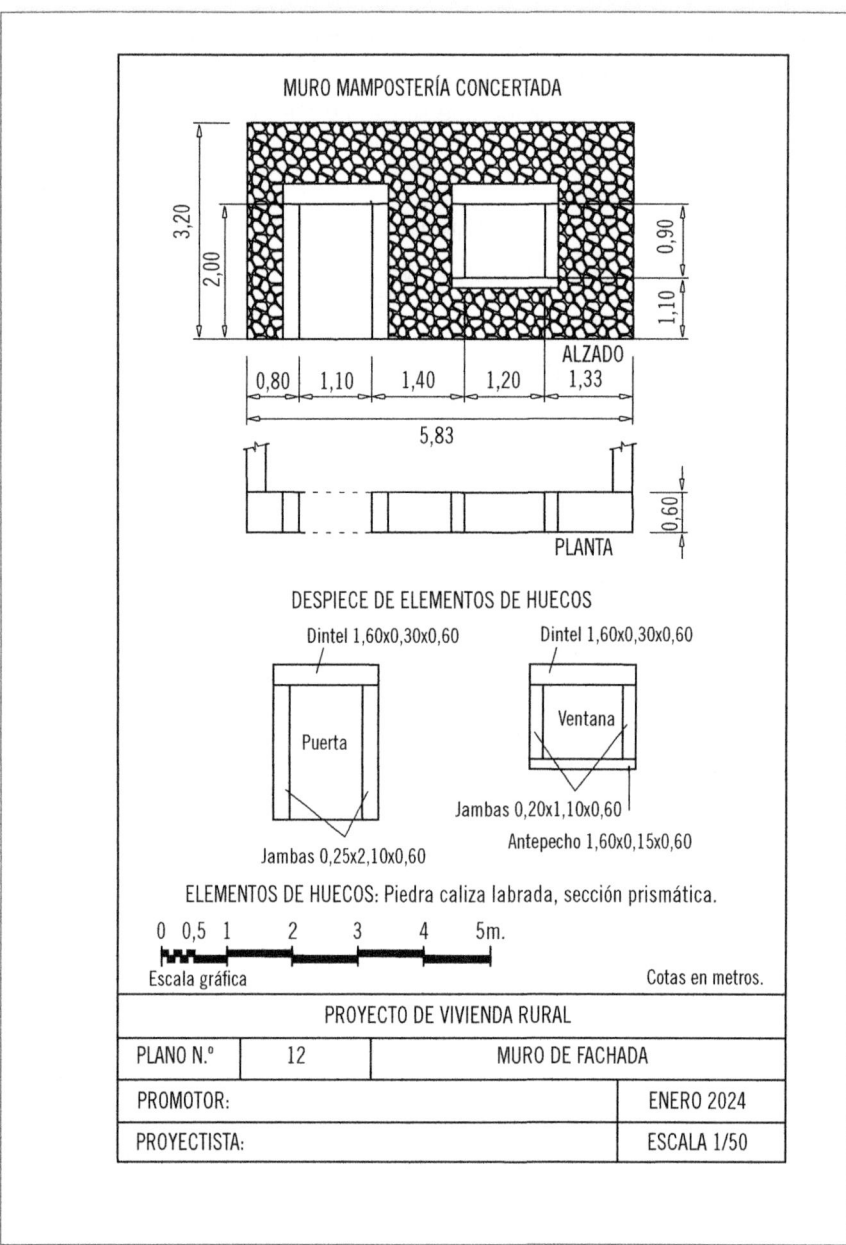

MURO MAMPOSTERÍA CONCERTADA

ALZADO

PLANTA

DESPIECE DE ELEMENTOS DE HUECOS

Dintel 1,60x0,30x0,60   Dintel 1,60x0,30x0,60

Puerta

Ventana

Jambas 0,20x1,10x0,60

Antepecho 1,60x0,15x0,60

Jambas 0,25x2,10x0,60

ELEMENTOS DE HUECOS: Piedra caliza labrada, sección prismática.

0   0,5   1   2   3   4   5m.

Escala gráfica   Cotas en metros.

PROYECTO DE VIVIENDA RURAL		
PLANO N.º	12	MURO DE FACHADA
PROMOTOR:		ENERO 2024
PROYECTISTA:		ESCALA 1/50

Ejemplo de plano de un muro de mampostería.

En un plano, se debe incluir principalmente la información suficiente para que quede definida:

- La forma y características del objeto representado.
- Sus dimensiones.
- Su acabado, elementos singulares, elementos constructivos y cualquier dato que complete la interpretación del objeto representado.

2.2. Escala

Como ya se ha indicado anteriormente, la escala de un plano es la relación que existe entre la verdadera dimensión de un objeto y la dimensión de su representación gráfica en un dibujo.

En un mismo plano se pueden realizar representaciones gráficas a distintas escalas. Es por tanto habitual encontrar un plano en el que por ejemplo, se represente como vista principal el alzado y la planta de un muro a una determinada escala, y junto a el se incluyan partes del mismo realizadas a mayor escala, detallando mejor las zonas singulares como huecos, intersecciones, uniones con otras fábricas, etc.

 Importante

En el caso de que en un mismo plano convivan dibujos o detalles a distintas escalas, junto a cada uno se debe hacer constar la escala de representación para que se pueda medir y conocer las dimensiones de cualquiera de sus segmentos.

Tipos de escala

La escala de cada uno de los dibujos puede aparecer indicada de forma **numérica,** expresada en **unidad por unidad** o de forma **gráfica.**

Escala numérica

La **escala numérica** indica la relación existente entre la dimensión representada y la dimensión real. Se escribe en forma de quebrado en el que el primer número indica la medida del dibujo y el segundo número el valor de la misma medida en la realidad.

Es decir, un dibujo realizado a escala 1/50 indica que 1 centímetro en el dibujo representa 50 centímetros en la realidad. También se suele indicar la escala utilizando el signo ":" como separador (Escala 1:50).

Conocida la escala a la que está representado el dibujo, es posible conocer la dimensión real que le corresponde a cualquiera de sus segmentos, incluso en el caso de que carezca de líneas de cota. Para ello se utiliza el **escalímetro** o regla graduada, que midiendo con la escala adecuada ayuda a trasladar la medida del dibujo a la medida real.

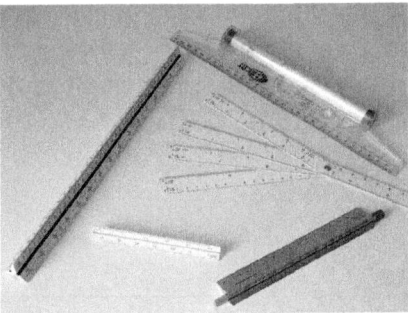

Escalímetros de distinto tipo.

Escala unidad por unidad

La escala **unidad por unidad** se indica mediante una relación de igualdad entre dos longitudes, situando en primer lugar la dimensión en el plano y en segundo lugar la longitud real.

Ejemplo

1 cm = 10 metros, es decir que en este caso a cada centímetro del dibujo le corresponden 10 metros en la realidad.

Escala gráfica

La **escala gráfica** se representa en el plano mediante un segmento graduado en divisiones en el que cada una de ellas representa una medida del plano y su correspondiente dimensión real.

Se puede decir que la escala gráfica es el escalímetro específico para ese plano concreto. Trasladando las divisiones de la escala gráfica al borde de un papel o una regla se puede utilizar como escalímetro para medir cualquier dimensión del dibujo.

La escala gráfica es muy útil cuando:

- No se dispone de regla o escalímetro graduado con la escala de representación del plano.
- Por sus dimensiones, la escala de representación del plano no es una escala normalizada o de las más usuales.
- Cuando la copia del plano de que se dispone no se encuentra impresa al tamaño real para el que se determinó la escala numérica.

Diversos tipos de escalas gráficas

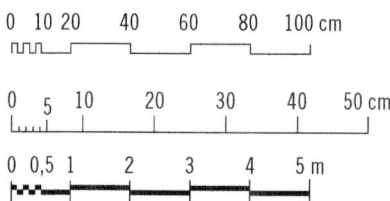

Escalas empleadas en los planos de muros de mampostería

En el caso que ocupa el presente manual, en los planos utilizados para representar o documentar muros de mampostería se pueden encontrar dibujos a diferentes escalas, siendo las más habituales:

ESCALAS DE SITUACIÓN	Escalas utilizadas para la representación del muro en su entorno. Sirven para ubicar el objeto representado respecto a un plano general.	1/1000 1/500 1/300 1/200
ESCALAS DE REPRESENTACIÓN	Utilizadas para la representación completa del objeto, donde se pueden indicar sus características geométricas y dimensiones generales.	1/150 1/100 1/50
ESCALAS DE DETALLE	Son las más utilizadas cuando se desea representar detallando las características de un elemento, una intersección o un punto singular.	1/25 1/20 1/10 1/5

Todas estas relaciones de escala son:

- **Escalas de reducción,** es decir, representan el objeto disminuyendo sus dimensiones reales.
- **Escalas de ampliación,** repesentan el dibujo con dimensiones mayores a las medidas reales, en el que el numerador es mayor al denominador, como pueden ser la escala 2:1, 5:1, 10:1, etc., aunque no es habitual su uso en construcción. Estas escalas son más usadas en la industria para representación de detalles de pequeñas piezas mecánicas.
- **Escala natural,** es la escala 1/1, en la que la representación en el plano coincide con las dimensiones de la realidad.

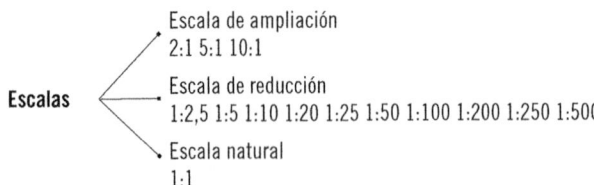

Escalas
- Escala de ampliación
  2:1 5:1 10:1
- Escala de reducción
  1:2,5 1:5 1:10 1:20 1:25 1:50 1:100 1:200 1:250 1:500
- Escala natural
  1:1

Aplicación práctica

A continuación en base a las tres propuestas estudiadas, se va a indicar la escala más adecuada para determinados tipos de representación de un muro de mampostería que se va a construir para delimitar y cerrar el patio de la edificación existente en una finca rústica.

El muro es de planta recta, con una longitud de 16 metros y una altura desde el suelo de 3 metros.

Los planos a realizar son:

1. Plano donde se represente la ubicación del muro a construir respecto a la planta general de la finca.

     1:50   1:25   1:1.000

2. Plano destinado a representar la planta y alzado del muro, representándolo referido a la edificación existente.

     1:1   5:1   1:50

3. Plano en el que se representan detalles constructivos de la sección del muro y de las uniones con la fábrica de la edificación existente.

     1:500   1:10   1:100

Solución

1. De entre las tres escalas propuestas, la más adecuada para realizar planos de situación o emplazamiento es la escala **1:1.000.**
2. La escala **1:50** es apropiada para la representación de planta y alzado de un muro de esas dimensiones. Las otras dos propuestas son inviables para esta representación ya que la 1:1 supone una representación a escala natural y la 5:1 supone

un aumento de cinco veces sobre la medida real. En ambos casos es imposible representar el muro en un plano.

3. Para la representación de detalles constructivos de estas características la escala más apta entre las propuestas es la escala **1:10**. Con las otras dos escalas la representación sería muy pequeña, no permitiendo precisar los detalles constructivos requeridos.

2.3. Vistas

Tanto en un plano como en un croquis se pueden desarrollar distintas vistas de un mismo objeto a fin de que quede perfectamente definido en su forma y características.

La denominación del tipo de vista que se dibuja se hace en referencia al punto de vista desde el que se realiza la proyección del objeto a representar. Así, en construcción, las vistas más comunes que se encuentran en un plano o croquis pueden ser:

- **Planta.** Representa la proyección plana horizontal del objeto (edificio, muro, etc.), tomando como punto de vista su parte superior. La representación en planta puede mostrar la distribución de un edificio, la vista de la cubierta, la vista superior de un muro, etc.

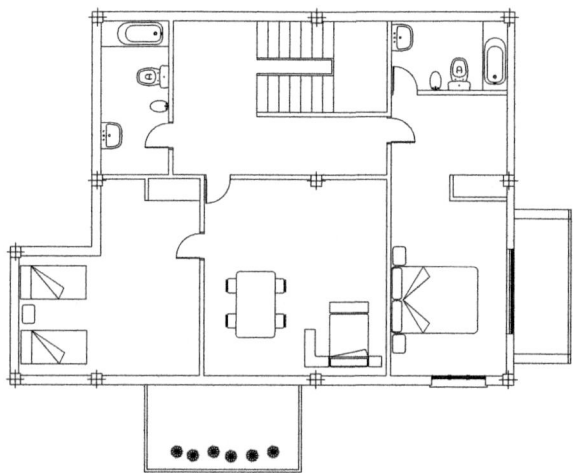

■ **Alzado.** En construcción suele ser la representación de las fachadas del edificio. La vista en alzado de un muro representa su paramento vertical.

■ **Perfil.** Es la representación lateral de las diversas caras verticales de un objeto.

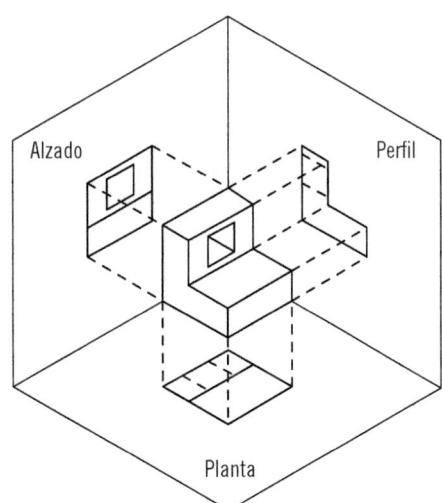

■ **Sección.** Representación de un determinado objeto elaborado suponiendo que es seccionado mediante un plano paralelo al punto de vista, dibujando la superficie resultante. Se utiliza para representar elementos interiores al objeto, espesores y particularidades que en un plano de alzado no se pueden mostrar.

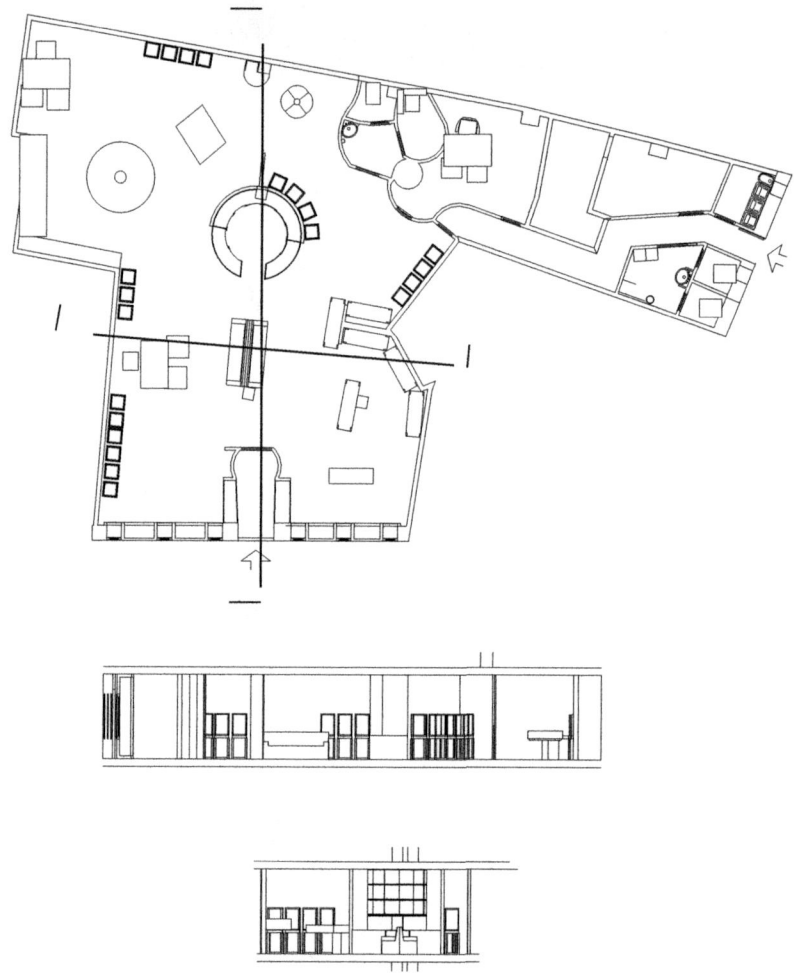

- **Detalles.** Son vistas puntuales de zonas específicas del objeto a representar, que se realizan a una escala mayor a fin de poder definir con mayor precisión sus características.

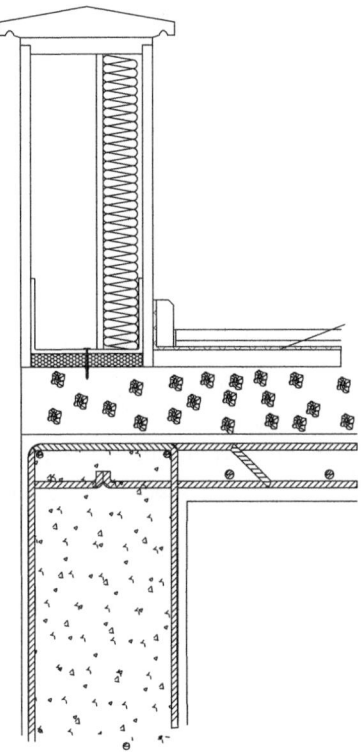

3. Resumen

El **croquis** se realiza a mano alzada, sin escala, y sin guardar una relación exacta de proporciones con el objeto que se desea representar.

En el **plano** el objeto se representa fielmente, con relación de escala exacta, con proporcionalidad constante entre el dibujo y la realidad, y se realiza siguiendo unas reglas de dibujo establecidas.

Tanto el plano como el croquis pueden contener o no líneas de acotación indicando las dimensiones del objeto representado. En el caso del croquis, la ausencia de líneas de cota imposibilita conocer las dimensiones reales de un determinado segmento. En cambio en el plano, aunque no presente líneas de acotación, se puede determinar la dimensión de cualquier segmento conociendo la relación de escala a la que se ha dibujado.

Existen tres formas principalmente de indicar la escala de representación de un plano:

- La **escala numérica,** que mediante un quebrado señala la relación proporcional que existe entre la dimensión representada en el dibujo y la dimensión real del objeto.
- La escala **unidad por unidad,** en la que se expresa la escala mediante una relación de igualdad entre una medida del plano y su correspondiente longitud en la realidad.
- La **escala gráfica,** que mediante un segmento dividido en partes, dibujado en el plano, representa la relación entre una medida del plano y su correspondiente dimensión real.

Las vistas más habituales que se pueden encontrar en la representación de un muro en un plano o en un croquis pueden ser:

- Vistas de planta.
- Vistas de alzado o vistas de perfil.
- Vistas de sección.
- Vistas de detalles.

Ejercicios de repaso y autoevaluación

1. **Complete las siguientes definiciones.**

El croquis es un dibujo _____, que se realiza habitualmente a _____ _____, sin proporciones de _____ exactas, que sirve como _____ de lo que se pretende _____.

El plano representa _____ el objeto que se desea reflejar en el mismo, con _____ y proporcionalidad de _____, siguiendo unas reglas de _____ establecidas.

2. **A la relación que existe entre la verdadera dimensión de un objeto y la dimensión de su representación gráfica en un dibujo se le denomina _____.**

3. **¿Cuál de las siguientes denominaciones NO es una forma de indicar en un plano o dibujo la escala a la que está realizado?**

   a. Escala gráfica.
   b. Escala seccionada.
   c. Escala numérica.
   d. Escala unidad por unidad.

4. **Determine cuáles de las siguientes afirmaciones son verdaderas y cuáles son falsas.**

   a. La escala gráfica se indica mediante una relación de igualdad entre dos longitudes, situando en primer lugar la dimensión en el plano y en segundo lugar la longitud real.

      ☐ Verdadera
      ☐ Falsa

   b. La escala numérica indica mediante un quebrado la relación existente entre la dimensión representada y la dimensión real.

      ☐ Verdadera
      ☐ Falsa

c. La escala unidad por unidad se representa en el plano mediante un segmento graduado en divisiones en el que cada una de ellas representa una medida del plano y su correspondiente dimensión real.

☐ Verdadera
☐ Falsa

5. Relacione las definiciones correspondientes a cada uno de los tipos de vista de representación en un plano o croquis.

a. Representación lateral de las diversas caras verticales del objeto.
b. Vistas puntuales de zonas específicas del objeto a representar, que se realizan a una escala mayor a fin de poder definir con mayor precisión sus características.
c. Representación de un determinado objeto elaborado suponiendo que es seccionado mediante un plano paralelo al punto de vista, dibujando la superficie resultante.
d. Representa la proyección plana horizontal del objeto tomando como punto de vista su parte superior.

__ Sección.
__ Alzado.
__ Planta.
__ Detalles.

Capítulo 2

Interpretación de pliegos y normas de cumplimiento obligado y discrecional

Contenido

1. Introducción

El Pliego de Condiciones en un proyecto es el documento que como complemento de los planos, memoria y presupuesto, establece y define las características y condiciones de los materiales, maquinarias, herramientas, equipos e instalaciones que deben intervenir en la elaboración de cada uno de los elementos de la obra. Debe recoger también las condiciones del proceso de ejecución en base a los materiales y medios definidos.

El pliego es también la parte de la memoria donde debe aparecer la relación de normativa por la que ha de regularse la ejecución de una determinada obra.

2. La documentación de la obra. El Proyecto

Los pliegos son una de las partes integrantes de un Proyecto de Obra, ya sea destinado a ejecutar un muro, un edificio o cualquier otro tipo de obra. Es por tanto conveniente, a fin de conocer la finalidad de un pliego de condiciones, conocer brevemente las particularidades y contenidos de un proyecto.

Un proyecto para la ejecución de una obra es el documento por el que se especifican todas las características y condiciones de construcción de un edificio o instalación. Engloba todos los datos técnicos, formales y económicos que definen, desde su inicio, la realización de la obra.

En el caso de ejecución de muros de mampostería, la definición de sus características y condiciones pueden venir recogidas dentro del proyecto del edificio del que forma parte, o bien contar con un proyecto independiente si el muro forma una unidad de obra autónoma.

El proyecto de obra está compuesto normalmente por los siguientes documentos:

- Memoria.
- Pliego de Condiciones.
- Presupuesto.
- Planos.

En la **memoria** se distinguen varios apartados principales como son:

- **Memoria descriptiva.** Es la parte donde se describe y justifica la finalidad de la obra que se proyecta. Se describen los agentes intervinientes en todo el proceso constructivo (promotor, contratista, etc.). Se detallan los datos iniciales de emplazamiento y condiciones del entorno. Se realiza una descripción general de la obra que se proyecta, justificación de la solución adoptada, usos previstos, normativa urbanística que le afecta...
- **Memoria constructiva.** Es la parte donde se describen desde el punto de vista de la ejecución las características y soluciones adoptadas para cada parte de la obra.
- **Justificación de cumplimiento de normativa.** Se justifica en esta parte del proyecto el cumplimiento del rendimiento del edificio o elemento que se proyecta cumpliendo los requerimientos mínimos exigidos en el Código Técnico de la Edificación y en cualquier otra normativa de obligado cumplimiento que le sea de aplicación.
El Código Técnico de la Edificación (CTE) en España, entró en vigor por primera vez en el año 2006 y está compuesto por unos grupos de normativas, denominados Documentos Básicos. Los documentos básicos que lo componen son:

  - DB-SE Documento Básico de Seguridad Estructural.
  - DB-SI Documento Básico de Seguridad en caso de Incendio.
  - DB-SUA Documento Básico de Seguridad de Utilización y accesibilidad.
  - DB-HS Documento Básico de Salubridad.
  - DB-HR Documento Básico de protección frente al Ruido.
  - DB-HE Documento Básico de Ahorro de Energía.

Estos documentos básicos han sufrido actualizaciones de forma independiente a lo largo de la vigencia del CTE.
- **Anejos.** El proyecto puede contener todos los anejos que sean necesarios para complementar la memoria, incluyendo, datos geotécnicos, memoria de cálculo de estructura y de instalaciones en su caso, plan de control de calidad, estudio de seguridad, plan de obra, etc.

? Sabía que...

El Código Técnico de la Edificación, o CTE, es el marco normativo por el que se regulan las exigencias básicas de calidad que deben cumplir los edificios, incluidas sus instalaciones, para satisfacer los requisitos básicos de seguridad y habitabilidad, en desarrollo de lo previsto en la disposición final segunda de la Ley de Ordenación de la Edificación, en adelante LOE.

(Artículo 1, Capítulo 1, Epígrafe 1 del CTE).

El **pliego de condiciones** se divide habitualmente en:

- **Pliego de condiciones técnicas particulares.** Se recogen en el mismo las condiciones técnicas fundamentales que se le deben exigir a los materiales, unidades de obra, equipos, instalaciones necesarias, maquinaria y herramientas que se prevean utilizar en la obra. Se reflejan las condiciones de uso de los mismos, calidades requeridas y procesos de ejecución. Se incluye también un listado de referencia de la normativa por la que debe regirse la realización de la obra proyectada.
- **Pliego de cláusulas administrativas.** Se recogen las condiciones generales de la obra y las disposiciones facultativas de todos los agentes intervinientes en la misma, sus obligaciones, así como la regulación de las relaciones entre ellos. Se describen también las condiciones de índole económica por las que se regirá la obra, incluyendo la forma de valoración de los distintos elementos que la componen, criterios de medición, forma de pago, etc.

El **presupuesto** consta de un estado de mediciones, dividido en capítulos y partidas, con la previsión de la cantidad a ejecutar de cada una de ellas, así como su valoración económica unitaria y estimación económica del valor de la ejecución final de la obra.

En los **planos** se deben incluir todos aquellos indispensables tanto de conjunto como de detalles, que ayuden a comprender, desarrollar y definir totalmente el elemento que se pretende construir. Entre otros, como mínimo en cualquier proyecto deben realizarse:

- Planos de situación y emplazamiento.
- Plantas generales.
- Alzados y secciones.
- Planos estructurales.
- Planos de instalaciones.
- Planos de detalles constructivos.
- Memorias gráficas.

 Recuerde

En la ejecución de muros de mampostería, la definición de sus características y condiciones pueden venir recogidas dentro del proyecto del edificio del que forma parte, o bien contar con un proyecto independiente si el muro forma una unidad de obra autónoma.

3. Interpretación de pliegos y normas de cumplimiento obligado y discrecional

Como se ha indicado anteriormente, en el pliego de condiciones de un proyecto se determinan las condiciones y características técnicas exigibles a los materiales, maquinarias, herramientas, equipos, instalaciones y cualquier elemento que participe en la ejecución de la obra. Se recogen sus requisitos requeridos de suministro, recepción, manipulación, almacenaje y conservación.

En el pliego se encuentran los ensayos que se han de realizar a los materiales y equipos, estableciendo en el mismo las pautas de aceptación.

El personal encargado de realizar cada una de las partidas podrá consultar en el pliego las condiciones técnicas definidas en proyecto para cada unidad de obra, donde se debe reflejar el proceso a seguir durante su ejecución, requisitos previos antes del comienzo de los trabajos, requisitos de finalización y de mantenimiento posterior.

En el pliego se especifica también la normativa técnica, legal y económica que le afecta específicamente a cada obra.

 Nota

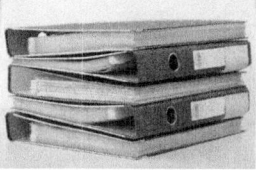 El pliego ha de ser lo suficientemente completo para prever y regular la forma de actuación en los imprevistos que puedan surgir durante el transcurso de las obras.

A la hora de consultar los requerimientos recogidos en un pliego de condiciones, se deberá tener en cuenta no solo las prescripciones que se recogen directamente para la partida que se va a ejecutar, sino que se debe prestar atención de la misma forma a las condiciones generales reflejadas para el conjunto de la obra.

En cuanto a la normativa exigible, es posible encontrar en algunos casos normas de obligado cumplimiento y normas de uso discrecional.

Las **normas de obligado cumplimiento** en un determinado caso son las que su cumplimiento es ineludible, incluso aunque en el proyecto no se especifique en ese sentido. Son normas que garantizan que el producto final ejecutado cuenta con la calidad mínima exigible, el correcto comportamiento, la adecuación de uso y el cumplimento de la legalidad vigente.

Las **normas de cumplimiento discrecional** son aquellas que en principio no es requerido forzosamente su seguimiento y aplicación, si bien siempre es recomendable su cumplimiento pues contribuirán a una mejor calidad y seguridad de la ejecución final. El uso de estas normas, sin ser de obligado cumplimiento general, queda condicionado a criterio del proyectista, es decir que si se indica su aplicación en el pliego de condiciones particulares, esta norma pasa a ser exigible y de obligado cumplimiento en esa obra proyectada.

Actualmente en construcción, la normativa española más importante de uso obligado que existe es el **Código Técnico de la Edificación.** Para el caso que ocupa el presente manual, referente a ejecución de muros de piedra se recoge en dicha normativa una referencia a los mismos recoge literalmente:

[…] Quedan excluidas aquellas fábricas construidas con piezas colocadas "en seco" (sin mortero en las juntas horizontales) y las de piedra cuyas piezas no son regulares (mampuestos) o no se asientan sobre tendeles horizontales, y aquellas en las que su grueso se consigue a partir de rellenos amorfos entre dos hojas de sillares.

Artículo Primero. Punto 1.1. Ámbito de aplicación. Apartado 2.

CTE. Documento Básico SE-F: Seguridad Estructural: Fábrica.

Con lo cual se excluyen de la citada norma los muros de mampostería, estudiados en el presente manual.

Si es necesario un predimensionado de la resistencia mecánica recomendable de la piedra a utilizar en un muro de mampostería, es posible acudir a las especificaciones propuestas que se publican en unas "Prescripciones del Instituto Eduardo Torroja" que incluyen un capítulo dedicado a obras de fábrica, que aunque no se trate de una fuente normativa pueden servir como referencia a criterio del proyectista. En ellas se proponen unos valores de características resistentes de las piezas que constituyen muros de cantería, dependiendo de la clase de piedra utilizada y de la clase de fábrica que se va a ejecutar.

El hecho de la escasa regulación normativa para este tipo de muros, hace que se deba prestar especial atención a reflejar en el pliego de condiciones todos los parámetros deseados de requisitos de ejecución, características de los materiales, resistencia mínima, tipo de aparejo y cualquier otro aspecto que contribuya a definir perfectamente el trabajo a realizar.

Aplicación práctica

Defina en qué parte de un proyecto se pueden encontrar los siguientes documentos:

I Plan o programación de la obra.
I Memoria gráfica de carpintería.
I Características de recepción exigibles a un determinado material.
I Cuadro de cumplimiento de normativa urbanística.
I Valoración económica de la obra.
I Criterio de medición de una determinada partida ejecutada.

SOLUCIÓN

I Plan o programación de la obra. Anejo de la memoria.
I Memoria gráfica de carpintería. Planos.
I Características de recepción exigibles a un determinado material. Pliego de condiciones técnicas.
I Cuadro comparativo de cumplimiento de normativa urbanística. Memoria.
I Valoración económica de la obra. Presupuesto.
I Criterio de medición de una determinada partida ejecutada. Pliego de cláusulas administrativas.

4. Resumen

El pliego es uno de los documentos integrantes de un proyecto.

El proyecto completo, habitualmente se compone principalmente de:

■ Memoria.
■ Pliegos de Condiciones.
■ Presupuesto.
■ Planos.

El pliego a su vez se subdivide de forma general en:

- Pliego de condiciones técnicas particulares.
- Pliego de cláusulas administrativas.

Las normas de obligado cumplimiento son aquellas en las que siempre es preceptiva su aplicación.

Las normas de cumplimiento discrecional son aquellas que no siendo obligatorias, su cumplimiento se supedita al criterio del proyectista.

Ejercicios de repaso y autoevaluación

1. ¿Cuál de los siguientes documentos **NO** forma parte habitualmente de un proyecto de obra?

    a. Pliego de condiciones.
    b. Memoria.
    c. Contrato entre promotor y contratista.
    d. Presupuesto.

2. Determine si es verdadera o falsa la siguiente afirmación.

La Memoria de un proyecto está formada, entre otros documentos por la Memoria Constructiva, la Memoria Descriptiva, y el Presupuesto.

    ☐ Verdadera
    ☐ Falsa

3. Complete las siguientes definiciones.

La memoria constructiva es la parte donde se _____ desde el punto de vista de la _____ las características y _____ adoptadas para cada parte de la _____.

La memoria descriptiva es la parte donde se _____ y justifica la _____ de la obra que se proyecta. Se describen los _____ intervinientes en todo el proceso _____ (promotor, _____, etc.). Se detallan los datos iniciales de _____ y condiciones del _____.

En el pliego de condiciones técnicas particulares se recogen las condiciones _____ fundamentales que se le debe exigir a los _____, unidades de obra, _____, instalaciones necesarias, _____ y _____ que se prevean utilizar en la obra. Se reflejan las _____ de uso de los mismos, _____ requeridas y procesos de _____.

4. Las normas que siendo recomendable su seguimiento y aplicación, su uso queda condicionado a criterio del proyectista son las normas denominadas _____ _____.

5. ¿Actualmente, cuál es la normativa española más importante de uso obligado en construcción que existe?

    a. Guía Técnica de Accesibilidad.
    b. Reglamento Constructivo.
    c. Normas Tecnológicas.
    d. Código Técnico de la Edificación.

Capítulo 3
Replanteos en planta y en alzado

Contenido

1. Introducción

El replanteo es el proceso mediante el cual se trazan y trasladan a la realidad física de la obra los datos y medidas de un plano o croquis. En el replanteo se toman datos de un plano para reflejarlos en su ubicación real.

Es imprescindible realizar un exacto replanteo antes de comenzar la ejecución de una unidad de obra, ya que errores en el mismo repercuten en retrasos de ejecución, imprecisiones, incrementos económicos, y en definitiva menoscabo de la calidad final de los trabajos.

2. Replanteos en planta y en alzado

A la hora de realizar un muro de mampostería es necesario realizar previamente un replanteo en **planta** reflejando su trazado horizontal, encuentros con otros elementos del edificio, quiebros, etc. y un replanteo de sus características en alzado, plasmando la ubicación de huecos y elementos singulares. Un correcto replanteo es un factor primordial para conseguir una precisa puesta en obra de la fábrica. La realización de un deficiente replanteo previo de todos los elementos del muro se arrastrará durante su ejecución posterior disminuyendo la calidad, exactitud y solidez final del trabajo realizado.

 Recuerde

La vista en planta es la representación sobre un plano horizontal de una vista superior del elemento representado.

La vista en alzado es la proyección sobre un plano vertical de una vista frontal del elemento.

Para realizar un correcto replanteo es fundamental contar con unos planos, o en su defecto unos croquis, que aporten al operario el máximo de datos e información posibles.

 Nota

Difícilmente se podrá replantear con precisión el muro si se carece de medidas o datos suficientes para reflejarlos en la ubicación de la obra.

Si lo que se dispone para el replanteo es un croquis sin escala, se deben tener acotadas todas las dimensiones necesarias para la realización del muro, ya que en caso de carencia de estas no será posible determinar las medidas no especificadas.

Este problema se minimiza si es un plano a escala con lo que se cuenta como dato, pudiendo medir sobre el mismo cualquier dimensión.

 Importante

Hay que tener en cuenta que el grado de error que se puede tener al tomar estas medidas será mayor cuanto menor sea la escala a la que está representado el plano.

Una vez realizado, el resultado del replanteo debe comprobarse dos veces como mínimo. En el replanteo general o de elementos importantes del muro, de los que dependen parámetros del mismo a ejecutar posteriormente, el proceso de trazado ha de ratificarse las veces necesarias hasta contar con la seguridad de su corrección y exactitud, evitando así problemas de precisión durante la ejecución.

En planta, el replanteo inicial más importante es el trazado del eje de muro, que determina la alineación y ubicación del mismo.

 Nota

El eje de replanteo de un muro es la línea en planta que determina el centro o mitad del mismo.

Una vez trazado el eje en planta de cada una de las alineaciones del muro, sobre este se traza el espesor del muro y la ubicación en planta de huecos o elementos singulares.

Es aconsejable marcar el eje mediante cuerda de replanteo y camillas situadas fuera de las dimensiones del muro siempre que sea posible, en un lugar donde no interfieran los trabajos de levantado del mismo. El hecho de situarlas fuera se realiza para no tener que desmontarlas durante la ejecución de la fábrica, disponiendo de ellas en cualquier momento para comprobar el eje y realizar replanteos posteriores apoyándose en el mismo, sin necesidad de volver a trazarlo.

Esquema de trazado de eje mediante camillas

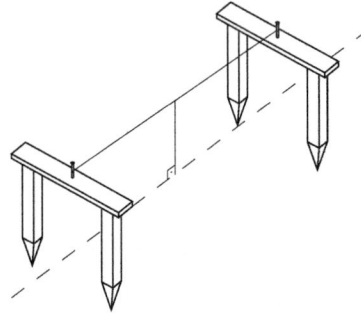

 **Definición**

Camillas de replanteo

Pequeña estructura provisional, generalmente realizada con madera, constituida por una tabla apoyada sobre un par de estacas pequeñas, sobre la que se atan y tensan hilos de replanteo que marcan una alineación o eje de replanteo.

El uso de camillas es posible en caso de que el muro se esté arrancando desde cimentación y se tenga la posibilidad de colocarlas en la zona exterior de la misma. En caso de que el inicio del muro se replantee sobre una estructura ya ejecutada, se deben marcar puntos fijos mediante clavos, marcas en elementos de estructura o cerramientos, o cualquier otra referencia fija que se pueda utilizar como apoyo para el replanteo del muro.

El proceso habitual de replanteo del muro de mampostería se puede resumir en:

	TRABAJO PREVIO
1	Limpieza de la zona de replanteo.
2	Nivelación de la base.
3	Análisis previo de proyecto, de planos o croquis de los que se disponga, comprobando la veracidad de las medidas y constatando que el muro se puede construir según lo previsto.
4	Comprobación de la inexistencia de interferencias con instalaciones u otros elementos del edificio.
	REPLANTEO EN PLANTA
5	Colocación de referencias de replanteo. (Camillas, clavos en elementos fijos, etc.).
6	Trazado de eje del muro. En caso de quiebros o cambios de dirección del muro se deben trazar tantos ejes como alineaciones distintas tenga el muro.
7	Trazado a ambos lados del eje de las alineaciones del espesor de arranque del muro.
8	Trazado de la proyección en planta de la ubicación y dimensiones de huecos, cambios de espesor y elementos singulares del muro.

Continúa en página siguiente >>

<< Viene de página anterior

REPLANTEO EN ALZADO	
9	Determinar el nivel de referencia o cota cero.
10	Marcar alturas. Tomar elementos verticales próximos al muro sobre los que marcar la cota cero y las diferentes cotas de los elementos del muro (altura de huecos, referencias de antepechos y dinteles, altura total del muro, cota vertical de elementos singulares, etc.).
11	En caso de no disponer de un elemento vertical fijo donde marcar el replanteo en alzado, se colocarán verticalmente en los extremos de cada alineación reglas metálicas, perfectamente aplomadas donde se trazarán.
12	Si está previsto que el espesor del muro se reduzca progresivamente según se incrementa la altura, marcar lateralmente el desplome de sus caras y el espesor en coronación.
13	Durante la construcción del muro se trasladan los puntos replanteados tanto en planta como en alzado según se va avanzando en altura.

El traslado de los puntos de replanteo, tanto en planta como en alzado se realiza utilizando habitualmente:

- Nivel de manguera.
- Nivel de burbuja.
- Tendido de hilos horizontales entre marcas de altura.
- Plomada.

2.1. Útiles, herramientas y métodos de replanteo

Existen multitud de herramientas, útiles y medios auxiliares que proporcionan ayuda al operario a la hora de realizar un replanteo. Los más usuales pueden ser:

Reglas metálicas	Cuerda de marcar	Escuadra de albañil
Pintura para marcar	Yeso	Mortero
Lápiz	Papel	Calculadora
Plomada	Nivel de burbuja	Nivel de manguera
Metro	Cinta métrica	Jalones o miras
Trozos de armaduras	Alambre	Clavos
Camillas	Estacas	Recipiente con agua

En cuanto a los métodos de replanteo básicos cabe destacar los siguientes:

Replanteo de línea recta

Para el trazado de una alineación recta, lo primero que se debe replantear es dos de sus puntos como mínimo.

 Definición

Recta
Una recta es la distancia más corta entre dos puntos conocidos.

Apoyándose en los puntos replanteados se puede trazar la alineación utilizando:

- **Regla metálica.** Haciendo coincidir una arista de la misma con los dos puntos señalados, y uniendo las dos marcas mediante un trazo lineal.
- **Hilo de marcar o bota de azulete.** Pequeño recipiente cerrado, que contiene un hilo de marcar enrollado en su interior, impregnado de sustancia marcadora que realiza un trazado al contacto con una superficie. Se tensa el hilo entre los dos puntos replanteados y se hace rebotar sobre la superficie de replanteo.

Replanteo de un arco

Una curva está compuesta por una serie de puntos que no forman una alineación recta. En el caso de un arco se cumple además que todos sus puntos son equidistantes a un mismo punto o centro del arco.

Por tanto para el replanteo del arco se debe conocer la ubicación del centro, la medida del radio, y los puntos de inicio y final del arco.

El replanteo del arco se realiza colocando un clavo en el punto de su centro, al que se ata una cuerda con la longitud del radio del arco. Colocando en el extremo un lápiz u otro útil de marcado se realiza el trazado del arco.

Replanteo de alineaciones a escuadra

Una necesidad de replanteo muy habitual es la de trazado de una alineación que forme escuadra con otra alineación conocida. Forman escuadra dos alineaciones, o son perpendiculares entre sí cuando entre ellas se forma un ángulo recto, o lo que es lo mismo, cuando forman en su intersección cuatro ángulos de 90 grados sexagesimales.

Existen varias formas de trazar una perpendicular a una alineación conocida, entre ellas se puede citar:

Métodos gráficos de trazado de escuadras

Método de doble segmento de arco

Se toman dos puntos de la línea sobre la que se quiere trazar la perpendicular. Se dibujan dos segmentos de arco a ambos lados de la alineación, con centro en cada uno de los puntos, y con radio igual a la distancia entre los dos puntos elegidos. Los dos puntos de intersección de las curvas nos determinan una recta perpendicular a la alineación base.

Esquema de trazado de escuadra mediante segmentos de arco

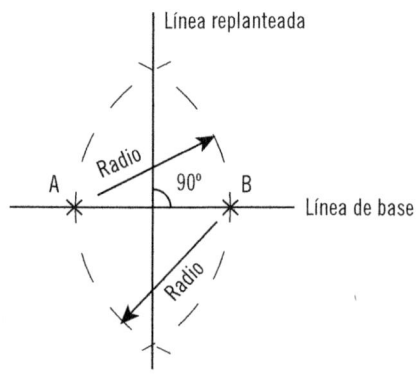

Radio = Distancia AB

Si es necesario que la perpendicular pase por un punto concreto de la recta base, los puntos A y B han de ser equidistantes a ambos lados de ese punto de referencia.

Método de triangulación

Se toman dos puntos M y N, equidistantes a ambos lados de un punto determinado de la recta base (Punto P). Se coge una cuerda de longitud mayor que la distancia entre M y N. Tomando su punto medio y colocando los extremos en M y N, al estirarla desde el punto medio, la recta que une es punto y el punto P es perpendicular a la alineación base.

Esquema de trazado de escuadra mediante triangulación

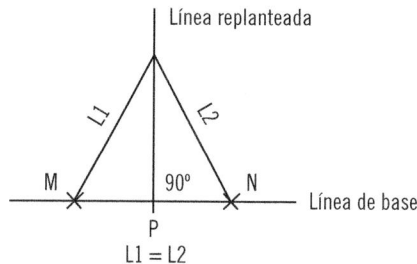

Métodos numéricos de trazado de escuadras

Se basa en la relación que determina que en un triángulo rectángulo siempre se cumple que: $a^2 = b^2 + c^2$

 Definición

Triángulo rectángulo
Aquel que tiene uno de sus ángulos rectos, es decir que dos de sus lados forman 90 grados entre sí.

Siendo **b** y **c** la longitud de cada uno de los catetos y **a** la longitud de la hipotenusa.

Definición

Catetos
Los dos lados más cortos, que forman el ángulo recto.

Hipotenusa
El otro lado, el de mayor longitud, contrario al ángulo recto.

 Sabía que...

Esta es una de las demostraciones geométricas más conocidas atribuidas a Pitágoras.

I "A partir de la igualdad de los triángulos rectángulos es evidente la igualdad".
I "El área del cuadrado construido sobre la hipotenusa de un triángulo rectángulo, es igual a la suma de las áreas de los cuadrados construidos sobre los catetos". (Teorema de Pitágoras).

Basándose en este teorema, existe una forma de trazado de escuadras utilizando el método numérico de **3-4-5** que cumplen la condición expresada en la fórmula.

El método de replanteo consiste en formar, con cuerda tensada un triángulo en el que los catetos y la hipotenusa tengan longitudes de 3, 4 y 5 metros respectivamente, o múltiplos y submúltiplos que sean proporcionales a estos. Al hacer coincidir uno de los catetos con la línea base, el otro cateto establece la alineación buscada perpendicular a la primera.

**Esquema de trazado de escuadra mediante
método numérico del triángulo rectángulo**

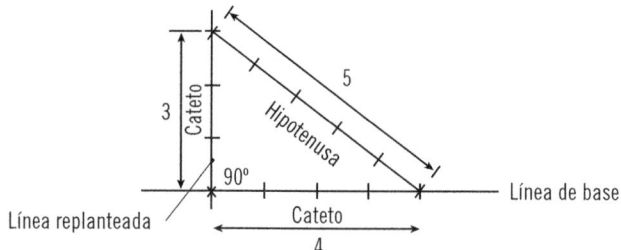

Nota

Es mayor la exactitud del replanteo cuanto mayor sea el triángulo rectángulo formado.

MÉTODOS DE REPLANTEO BÁSICOS		
REPLANTEO DE LÍNEA RECTA	Se utiliza la regla metálica, el hilo de marcar o el azulete.	
REPLANTEO DE UN ARCO	Se debe conocer el centro, el radio y los puntos del arco.	
REPLANTEO DE ALINEACIONES A ESCUADRA	Métodos gráficos	Método de doble segmento de arco. Método de triangulación.
	Métodos numéricos	Método numérico de numeración 3-4-5.

Aplicación práctica

En una zona ajardinada existe un muro de mampostería de contención de tierras en un desnivel del terreno. El muro tiene 30 metros de longitud y 2 metros de altura. En su punto medio en planta se necesita construir un nuevo muro perpendicular al existente. A la vista de los métodos de trazado de escuadras o perpendiculares a una alineación, ¿cuál de ellos no es posible utilizar en este caso?

SOLUCIÓN

En este caso no es posible trazar la escuadra por el método de los dos segmentos de arco, ya que de esta forma es necesario determinar el punto de intersección de los segmentos a ambos lados de la alineación base. En este caso la alineación base la forma el muro existente, por lo que en su cara interna, de contención de tierras no es posible realizar el trazado del punto de intersección.

En este caso, para trazar correctamente la escuadra al muro existente, son válidos otros métodos descritos, como el procedimiento gráfico de triangulación o el método de triangulación numérica 3-4-5.

3. Resumen

El replanteo es el proceso mediante el cual se trazan y trasladan a la realidad física de la obra los datos y medidas de un plano o croquis.

El replanteo en planta consiste en marcar los puntos necesarios para trasladar al plano horizontal la alineación del muro, quiebros, espesores, ubicación de huecos y elementos singulares del mismo.

En el replanteo en alzado se trazan los niveles y cotas de todos esos puntos en proyección sobre un plano vertical de una vista frontal del elemento. Para realizar el replanteo de una línea perpendicular o a escuadra de otra alineación dada existen varios métodos, entre los que cabe destacar:

- Método gráfico de segmentos de arco.
- Método gráfico de triangulación.
- Método numérico de triangulación 3-4-5.

Ejercicios de repaso y autoevaluación

1. Relacione los siguientes conceptos con la definición correspondiente.

    a. Representación sobre un plano horizontal de una vista superior del elemento representado.

    b. Proyección sobre un plano vertical de una vista frontal del elemento.

    c. Proceso mediante el cual se trazan y trasladan a la realidad física de la obra los datos y medidas de un plano o croquis.

    __ Vista en alzado.
    __ Replanteo.
    __ Vista en planta.

2. La línea en planta que determina el centro o mitad de un muro es _____ _____.

3. De los siguientes puntos en el proceso de replanteo de un muro de mampostería, indique cuáles de ellos considera que se realizan en los trabajos previos, cuáles en el replanteo en planta y cuáles en el replanteo en alzado.

    I Trazado a ambos lados del eje de las alineaciones del espesor de arranque del muro.

    I Nivelación de la base.

    I Determinar el nivel de referencia o cota cero.

    I Marcar alturas.

    I Comprobación de la inexistencia de interferencias con instalaciones u otros elementos del edificio.

4. Indique cuál de los siguientes útiles o herramientas NO es específico para el trabajo de replanteo.

    a. Plomada.
    b. Cinta métrica.
    c. Taladro.
    d. Camillas.

5. Complete las siguientes definiciones.

Una recta es la _____ más _____ entre dos _____ conocidos.

Una curva está compuesta por una serie de _____ que no forman una _____ recta. En el caso de un arco se cumple además que todos sus _____ son _____ a un mismo punto o _____ del arco.

Forman escuadra dos _____ o son _____ entre sí cuando entre ellas se forma un ángulo _____, o lo que es lo mismo, cuando forman en su _____ cuatro ángulos de ____ grados _____.

Capítulo 4
Relaciones de fábricas y otros elementos de obra

Contenido

1. Introducción

A la hora de ejecutar un muro de mampostería se ha de tener en cuenta que normalmente no se trata de un elemento aislado, sino que es habitual que forme parte de una construcción más amplia en la que se encuentran otros tipos de elementos de obra. Es por ello que el muro no hay que considerarlo como un elemento independiente, y es importante, a la hora de su ejecución, cuidar las conexiones e ingerencias que pueda presentar con los elementos que lo rodean.

2. Relaciones de fábricas y otros elementos de obra

En la relación del muro de mampostería con los elementos que lo circundan, es importante tener en cuenta dos cuestiones principalmente:

1. Que la unión con otros elementos de la obra se realice con la suficiente conexión entre ellos, de forma que el muro forme parte integrante y solidaria con el resto del edificio, y no sea un elemento aislado.
2. Que esa unión sea tal que, garantizando la trabazón correcta del muro con el resto de elementos de obra, tenga también la suficiente elasticidad que permita los movimientos de dilatación y contracción de todo el conjunto sin que se originen tensiones superiores a las consideradas en el cálculo.

La falta de trabazón entre el muro de mampostería y el resto de elementos, especialmente los elementos estructurales puede provocar desprendimientos y movimientos independientes que es posible que deriven en grietas y roturas en la zona de unión con el elemento estructural.

 Definición

Trabazón
Recurso constructivo que se emplea para enlazar el muro de mampostería y los demás elementos. La trabazón evita que puedan separarse las piezas ante cargas excesivas o no previstas.

En contraposición, una sujeción excesivamente rígida también puede provocar roturas y grietas debido a las tensiones provocadas al no permitir que cada elemento sufra las dilataciones que le corresponden según sus características.

Estas grietas, sean provocadas por una u otra razón, aunque no sean muy pronunciadas, pueden ser a la larga muy perjudiciales para el muro, ya que constituyen un punto débil del mismo que proporciona acceso de agua al interior, causando deterioros por humedades, heladicidad, etc.

 Recuerde

La heladicidad es la capacidad de resistencia de un material que, como consecuencia de la presión originada por cambio de estado del agua contenida, de líquido a sólido, que aumenta de volumen, produce deterioros como agrietamientos, exfoliaciones o desprendimientos de dicho material.

2.1. Unión con otros elementos de obra

A continuación se estudiarán cuáles son los tipos de uniones de los muros de mampostería con otros elementos estructurales, así como la manera de realizar dichas uniones.

Unión con el cimiento

Es el punto de unión más importante de cualquier muro, ya que es el elemento que transmite sus cargas al terreno. Se debe garantizar un apoyo homogéneo y continuo del muro sobre la cimentación, evitando asientos diferenciales que puedan provocar roturas en el mismo.

 Definición

---

Asiento diferencial
Desplazamiento parcial de distintas zonas de un elemento estructural debido al asiento desigual de su base.

Es aconsejable también evitar desplazamientos horizontales del muro sobre la cimentación, especialmente cuando su función es la de contención de tierras u otro material. En ese caso el muro se ve sometido a esfuerzos horizontales que pueden provocar problemas en la unión con el cimiento. Para impedirlos se suelen colocar llaves o anclajes que actúen de conexión entre ambos elementos.

Cómo realizar la cimentación de un muro de mampostería

Lo más habitual es que el cimiento se realice mediante zapata corrida, pudiendo realizarse principalmente de dos formas: con hormigón ciclópeo y con hormigón armado.

Cimentación con zapata corrida.

Con hormigón ciclópeo

Consiste en añadir a la zanja de cimentación piedras de tamaño mediano durante el proceso de hormigonado, abaratando material. En el caso de que la cimentación ejecutada sea mediante hormigón cicló-peo, sus propias características hacen que la superficie de la misma no quede lisa, y por tanto, la propia rugosidad de la cara superior de la zapata impide que se cree un plano de deslizamiento horizontal.

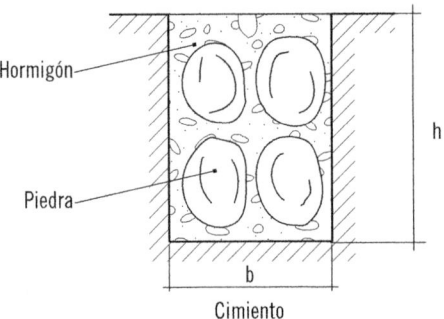

Cimiento

Con hormigón armado

Actualmente es más habitual realizar la cimentación de un muro de mampostería con zapata corrida de hormigón armado. En ese caso el hormigonado se realiza haciendo uso del vibrador, por lo que la super-ficie de terminación queda muy lisa. Al ejecutar el muro, en su base queda un plano de deslizamiento que facilita el desplazamiento del muro en caso de que se vea sometido a esfuerzos horizontales añadidos.

Para evitarlo, es práctica habitual empotrar en la cara superior de la cimentación, cuando esta está en proceso de fraguado, algunos de los mampuestos que se van a utilizar en la confección del muro, de-jando la mitad de la piedra por encima del nivel de relleno. Con esto se consigue que los mampuestos que se coloquen para formar la base del muro formen trabazón con los que se encuentran empotrados en la cimentación, mejorando la unión entre ambos elementos.

**Esquema de zapata corrida de hormigón con mampuesto incrustado
superficialmente para mejorar la unión en la base del muro**

Otra opción similar es clavar redondos de acero a lo largo de la cimentación, dejando un extremo fuera de la misma. La función que cumplen es la misma que en el caso de incrustar trozos de piedra, pero presentan algunos **inconvenientes** respecto a esta opción:

- Durante el proceso de ejecución del muro es posible que se doblen los redondos sobre la cara de la cimentación, perdiendo su funcionalidad.
- El proceso de ejecución del muro es más peligroso por el riesgo de que los operarios se claven o produzcan cortes con el extremo del redondo de acero. Se deben proteger con tapones de PVC para reducir el riesgo.
- Al estar la base del muro cerca o en contacto con el terreno es posible que exista humedad, provocando corrosión de los redondos. Con el paso del tiempo la corrosión va deteriorando el acero y debilitando, con lo cual dejan de realizar su función de conexión.
- Si los redondos sufren el problema anterior, se convierten además en una entrada de corrosión al interior de la zapata, pudiendo dañar también las armaduras de la misma con el consiguiente debilitamiento de toda la cimentación.

Desprendimiento debido a la oxidación del acero.

 **Nota**

 Los redondos de acero son barras de sección circular empleados en las estructuras de hormigón armado.

Unión con elementos estructurales o cerramientos verticales

Cuando el muro debe realizar una intersección lateral con pilares o muros verticales de hormigón, se debe realizar una unión entre ambos que garantice que no se produzcan grietas en el encuentro.

La opción más usual es colocar llaves o conectores metálicos fijados al lateral del pilar o muro, en toda su altura. Estos conectores quedan embebidos en el interior del muro una vez ejecutado, proporcionando el nexo de unión entre ambos elementos.

Una opción habitual es incrustar redondos de acero horizontalmente en taladros efectuados en el pilar o muro, fijados con resina. Como alternativa, en el mercado existen algunas patentes de conectores prefabricados, generalmente de acero galvanizado que ofrecen mejores resultados. Garantizan un mejor anclaje y por su acabado brindan más protección contra la corrosión, aumentando su vida útil.

En ocasiones, la unión ha de producirse con muros resistentes de fábrica o con cerramientos de ladrillo. Para este tipo de injerencia, es posible utilizar *llaves de acero galvanizado* que se incrustan en las juntas de algunas hiladas del muro de ladrillo, dejando saliente la mitad del conector, que se embebe posteriormente en el espesor del muro de mampostería.

Llaves de acero galvanizado

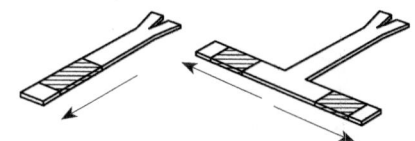

Colocación de llaves en la junta de movimientos

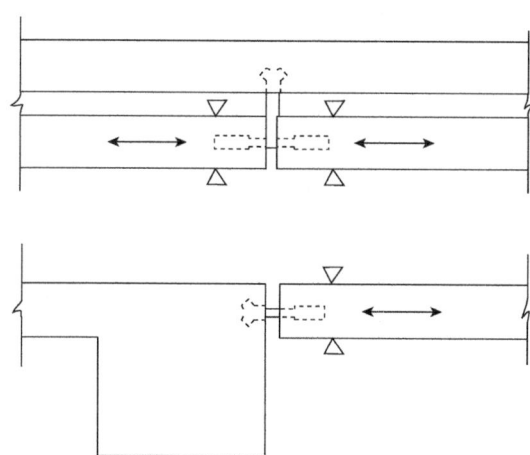

Unión con elementos horizontales

El caso más común es la intersección entre el muro de mampostería y forjados horizontales. Se pueden dar dos casos:

1. Que el **muro sea portante.** Es decir que sea de carga y soporte las cargas que le transmite el forjado.
2. Que el **muro sea de cerramiento.** El forjado apoya sobre pilares y otro tipo de estructura independiente al muro.

En el primer caso, el muro se debe rematar en su coronación con un zuncho de hormigón armado u otro elemento estructural, que regulariza el apoyo para el forjado, y sirve para transmitir linealmente las cargas a lo largo del muro.

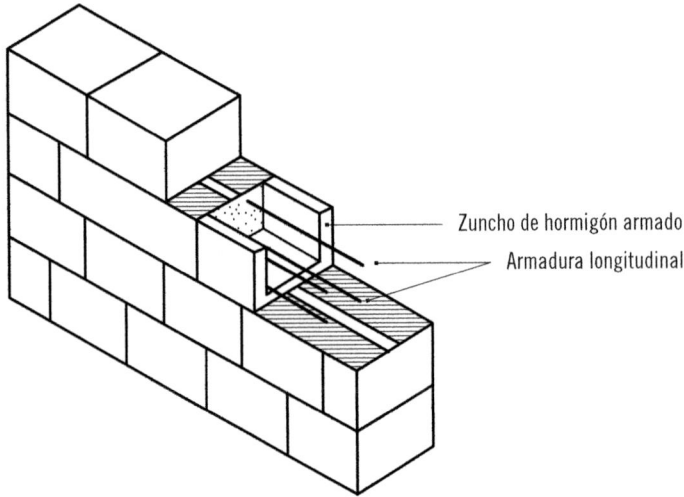

Zuncho de hormigón armado
Armadura longitudinal

En el segundo caso es necesario dejar una junta entre el forjado y la coronación del muro para evitar que la flecha que se produzca en la estructura horizontal, una vez que entre en carga, transmita cargas sobre el muro. Estos esfuerzos, para los que no se ha calculado el muro, pueden producir roturas o desprendimientos de los mampuestos superiores.

Para conseguir el sellado de la junta lineal entre forjado y muro, esta se debe rellenar con material elástico que garantice la estanqueidad de la unión, y a la vez permita el movimiento relativo entre el forjado y el muro.

Aplicación práctica

Se va a ejecutar un muro de cerramiento, realizado con mampostería careada, sobre una zapata corrida de hormigón armado que aún no se ha ejecutado. Lateralmente el muro está delimitado por dos pilares de hormigón armado ya ejecutados. Dichos pilares soportan un forjado horizontal de hormigón que cierra superiormente al muro.

Determine el tratamiento idóneo para el perímetro del muro.

SOLUCIÓN

I En la base. Empotrar parcialmente, a lo largo de la cara superior de la cimentación, mampuestos de los que se van a utilizar en la confección del muro.
I En los laterales. Empotrar conectores de acero galvanizado en toda la altura de los pilares antes de ejecutar el muro. Construir el muro de forma que los conectores queden embebidos en el espesor del mismo.
I En la coronación. Dejar junta entre el forjado y la coronación del muro, sellándola con masilla elástica en toda su longitud.

3. Resumen

Las uniones entre el muro de mampostería y las fábricas y elementos con los que está en contacto, deben realizarse de forma que:

■ Se garantice la conexión entre los elementos evitando la aparición de grietas o roturas.
■ Además se debe conseguir que dicha conexión ofrezca la suficiente flexibilidad para evitar que los movimientos o deformaciones que sufre un elemento afecten negativamente al elemento con el que se relaciona.

En la unión del muro con la cimentación, se debe evitar que exista un plano de deslizamiento horizontal entre ambos.

En la intersección lateral con elementos estructurales verticales, con muros de carga o con cerramientos, se debe realizar la conexión mediante llaves de acero galvanizado, o en el caso de fábricas mediante el "endientado" en toda su altura para realizar la traba entre las piezas.

En la unión con forjado horizontal, se debe realizar un zuncho de coronación en caso de que el muro actúe de muro de carga. Si el muro es de cerramiento, se debe ejecutar una junta de remate superior, con material elástico que absorba las deformaciones de la estructura.

Ejercicios de repaso y autoevaluación

1. Enumere las cuestiones que se deben tener en cuenta en la relación de muros de mampostería con sus elementos circundantes.

_____

_____

_____

_____

2. ¿Cómo se denomina al desplazamiento parcial de distintas zonas de un elemento estructural debido al asiento desigual de su base?

     a. Zapata corrida.
     b. Asiento diferencial.
     c. Hormigón ciclópeo.
     d. Base corrida.

3. Complete las siguientes cuestiones.

El cimiento de un muro de mampostería se realiza habitualmente mediante _____ _____.

Cuando el muro debe realizar una intersección lateral con pilares o muros verticales de hormigón, la unión entre ambos se realiza habitualmente mediante _____ _____.

En la intersección entre el muro de mampostería y _____ se pueden dar dos casos: cuando el muro es _____ y cuando es de _____.

4. **Indique cuáles de las siguientes cuestiones sobre la utilización de redondos de acero a lo largo de la cimentación, son verdaderas y cuáles falsas.**

   a. En la ejecución del muro existe la posibilidad de que se rompan los redondos sobre la cara de la cimentación, perdiendo su funcionalidad.

   ☐ Verdadera
   ☐ Falsa

   b. Es importante que el redondo de acero se proteja con remates de mortero para reducir el riesgo de cortes.

   ☐ Verdadera
   ☐ Falsa

   c. La corrosión de los redondos por la humedad del terreno, hace que se deteriore el acero y se debilite, dejando de esta forma de realizar su función de conexión.

   ☐ Verdadera
   ☐ Falsa

   d. La corrosión de los redondos puede provocar una entrada de esta al interior de la zapata, pudiendo dañar también las armaduras de la misma con el consiguiente debilitamiento de toda la cimentación.

   ☐ Verdadera
   ☐ Falsa

5. **La cimentación de un muro de mampostería se puede realizar mediante zapata corrida de hormigón…**

   a. … armado.
   b. … revestido.
   c. … ciclópeo.
   d. Las opciones a y c son correctas.

Capítulo 5
Elementos auxiliares

Contenido

1. Introducción

Durante la ejecución de un muro de mampostería, habitualmente será necesario construir en el mismo algunos huecos, arcos, quiebros, adintelados, y una serie de elementos singulares según lo proyectado.

Para ello, el operario se debe valer de una variedad de medios auxiliares que le ayuden a ejecutar el trabajo de forma más eficiente, cómoda y exacta.

En el presente capítulo se desarrollan los medios auxiliares más comunes que se utilizan como apoyo a la ejecución de los muros de mampostería.

2. Elementos auxiliares para la ejecución de muros de mampostería

Se pueden definir como **elementos auxiliares** o **medios auxiliares** a todos los elementos que no permanecen directamente en el resultado final del elemento ejecutado, pero que sin su utilización no es posible el desarrollo del trabajo o este se dificulta considerablemente.

El uso de los elementos auxiliares adecuados durante la ejecución de un muro aporta beneficios como:

- Mayor exactitud de la ejecución conforme a lo proyectado.
- Incremento de la calidad del acabado final.
- Aumenta la comodidad y eficacia de los operarios.
- Disminuye riesgos para el trabajador.
- Abarata el coste final reduciendo errores y posibles rectificaciones durante la ejecución.

Entre los medios auxiliares más usados habitualmente en la ejecución de muros de mampostería, cabe destacar principalmente:

- Cercos.
- Marcos.
- Cargaderos.
- Plantillas.

- Cimbras.
- Monteas.
- Sopandas.

En algunos casos, un medio auxiliar puede pasar a formar parte definitivamente del elemento ejecutado una vez finalizado. Por ejemplo, sucede en ocasiones con los marcos y cargaderos. Seguidamente se estudiarán cada uno de estos elementos.

2.1. Cercos

El **cerco** es el elemento perimetral que da forma a un hueco en un muro. El cerco es un elemento auxiliar que se elabora con la forma y dimensiones del hueco en el que se va a montar, a modo de patrón o modelo rígido del contorno del mismo. Se suele elaborar con perfiles de madera o metálicos. Colocado y correctamente aplomado antes de la ejecución del hueco, puede valer como replanteo real del mismo, construyendo el muro a su alrededor.

Siendo un elemento auxiliar, su misión finaliza una vez terminado el hueco al que da forma, pudiendo ser retirado del mismo cuando acaba su ejecución. No obstante, si está previsto que el hueco se cierre posteriormente con algún tipo de carpintería, el cerco puede ser utilizado como elemento de recibo de dicha carpintería atornillándola directamente al mismo.

Detalle de un cerco

Cuando el cerco, además de elemento auxiliar en la ejecución, va a quedar también como elemento de recibo de la carpintería, se le debe dotar de anclajes adicionales mediante pletinas laterales o garras que garanticen su conexión al muro y, por tanto, la solidez y fijación de la carpintería. En ese caso, es habitual ejecutar el muro de tal forma que el cerco quede **embebido** parcialmente en el mismo, permaneciendo oculto entre la carpintería y la fábrica una vez terminado el trabajo.

2.2. Marcos

Los marcos son elementos auxiliares similares a los cercos, que cumplen la misma función y que por lo general, una vez ejecutado el hueco pasan a formar parte de la propia carpintería que lo cierra.

 Definición

Marco
Armazón que envuelve los lados interiores de un hueco de un edificio y lo delimita, dentro del cual se pueden colocar puertas, ventanas u otros objetos.

El marco se debe colocar en su posición final dentro del muro para que durante la ejecución actúe de guía y de forma al hueco definitivo. Al ser un elemento auxiliar que tiene la particularidad de que posteriormente pasa a integrar el resultado final de la obra, es necesario extremar el cuidado durante la ejecución del muro para no producir roturas, arañazos o deterioros en el marco, protegiendo su superficie siempre que sea posible.

2.3. Cargaderos

Los **cargaderos** son elementos horizontales destinados a formar un **dintel** enterizo, que delimita a un hueco por su parte superior, transmitiendo sus esfuerzos a las **jambas** laterales.

Detalle de un cargadero

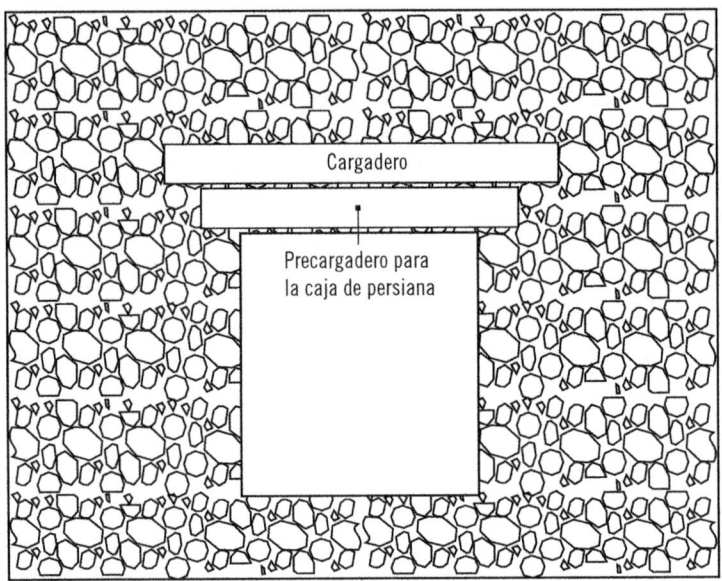

Cargadero

Precargadero para
la caja de persiana

 **Recuerde**

Un dintel es el elemento superior de un hueco abierto en un muro para formación de una puerta o ventana.

Se llama jamba a cada uno de los elementos verticales que forman lateralmente el hueco en un muro.

El cargadero puede ser considerado como medio auxiliar cuando su uso es necesario únicamente durante el proceso de ejecución del muro, eliminándose un vez que se finaliza. Es el caso por ejemplo de un cargadero colocado para soportar la cimbra de un arco, evitando que tenga que ser apeada desde el suelo. Cuando el cargadero se coloca además con la finalidad de que permanezca formando parte del muro una vez ejecutado, se denomina dintel.

 Definición

Apear
Sostener provisionalmente con armazones, maderos o fábricas el todo o parte de algún edificio, construcción o terreno.

El cargadero se apoya en los laterales del hueco, en la parte superior de las jambas. Ha de tener sección suficiente para poseer estabilidad propia y además soportar las cargas que le transmite el muro que sobre él se ejecuta.

Los cargaderos pueden ser de:

- Madera.
- Piedra.
- Prefabricados de hormigón.
- Metálicos.

Por razones estéticas, en la ejecución de muros de mampostería, cuando el cargadero o dintel va a quedar visto, se suele ejecutar de piedra y en algunos casos de madera.

2.4. Plantillas

Una **plantilla** se construye con la finalidad de trasladar a la ejecución del muro una forma o diseño predeterminado. La plantilla es una especie de molde a escala real de un determinado elemento singular que se ha de ejecutar en el muro, como un tipo de arco, de hueco, una zona de resalte o rehundido de su superficie con una forma específica, etc.

La plantilla se puede considerar como un patrón o modelo tipo de un determinado elemento constituyente del muro. Si el elemento se repite en la ejecución del muro, esta puede ser reutilizada, si se extrae sin sufrir deterioro.

Nota

La plantilla agiliza el trabajo de construcción de elementos idénticos o casi idénticos que se repiten durante la ejecución de una obra de construcción.

La plantilla se prepara previamente con la forma y dimensiones diseñadas y posteriormente se traslada al muro colocándola en el lugar establecido en el replanteo.

Dependiendo de las características del elemento a ejecutar con la plantilla, esta se puede realizar de diversas formas, si bien lo más habitual es realizarla de madera o metálica.

2.5. Cimbras

En el caso de la construcción de muros de mampostería, la **cimbra** es una estructura provisional, que generalmente se puede realizar de madera, metálica o de ladrillo, que se utiliza para soportar temporalmente el dintel o arco de un hueco, durante la ejecución del muro.

Las cimbras se instalan antes de comenzar a ejecutar el hueco que han de sustentar, y deben permanecer montadas hasta que los elementos que lo forman se consolidan definitivamente y adquieren capacidad autoportante.

 Nota

Las cimbras se deben montar con todos sus elementos y componentes, especialmente los de seguridad.

Esquema de ejecución de cimbra provisional durante la
formación de un arco en un muro de mampostería

Tipos de cimbras

Existen distintos tipos de cimbras, entre los que se pueden destacar:

- **Cimbra de ladrillo.** Se utiliza habitualmente para formación de arcos en el muro. A la altura del arranque del arco se coloca una sopanda horizontal de madera, empotrada lateralmente en el muro y apuntalada. Sobre esta se ejecuta un arco provisional de ladrillo, con la misma dimensión que el **intradós** (superficie interior de un arco o bóveda) del arco. Una vez ejecutado y consolidado el arco definitivo y el resto del muro, se elimina el arco provisional y la estructura que lo soporta.
- **Cimbras de madera.** Se prefabrican antes de colocarlas en su ubicación. Se utilizan como base un tablero delgado, con una anchura igual al espesor del muro, que se curva y moldea con el radio del intradós del arco. Para mantener la forma se le añaden una serie de correas y tornapuntas radiales que crean un elemento auxiliar rígido, capaz de soportar las cargas del elemento encofrado durante su ejecución.
- **Cimbras metálicas.** Se fabrican y usan de la misma forma que las de madera, pero utilizando en su realización chapas y perfiles de acero soldados. Son más aconsejables en el caso de que se prevea usar una misma cimbra para la ejecución de varios elementos iguales, como por ejemplo una serie de arcos de idénticas dimensiones, ya que estando bien construidas ofrecen mayor perdurabilidad y pueden sufrir menos daños durante los procesos de montaje y desmontaje.

■ **Cimbras deslizantes.** Se usan cuando se van a utilizar como medio auxiliar para ejecutar elementos de mayor tamaño, como bóvedas o arcos
de gran espesor. Las cimbras deslizantes se diseñan para que puedan
avanzar su posición conforme se va desarrollando la ejecución de los
trabajos.

 Consejo

Si es necesario ejecutar varios elementos iguales, como arcos o huecos con las mismas
dimensiones, se recomienda realizar las cimbras de madera o metálicas de forma que
una vez descimbrado el elemento construido, esta se pueda reutilizar en el siguiente,
abaratando costes.

2.6. Monteas

Según el diccionario de la Real Academia de la Lengua, se define **montea**
como:

*Dibujo de tamaño natural que en el suelo o en una pared se hace del todo o parte de una
obra para hacer el despiezo, sacar las plantillas y señalar los cortes.*

Por tanto, aplicado a la ejecución de un muro de mampostería, se trata de
una especie de replanteo previo general, a escala real, de los elementos que lo
componen, donde se señalan y elaboran las plantillas de despieces, cimbras,
cercos, etc.

Mediante la realización correcta de monteas, el operario se puede anticipar
a posibles desajustes de replanteo o problemas de ejecución antes del comienzo de los trabajos. Con ello se evitan problemas ocasionados por rectificaciones
durante la realización del muro, mejorando la calidad del resultado final y
abaratando costes innecesarios.

Sabía que...

La técnica de la montea proviene de los antiguos maestros canteros que tanto y tan bien han trabajado en nuestras catedrales e iglesias.

2.7. Sopandas

La **sopanda** consiste en un elemento lineal, colocado horizontalmente, generalmente de madera y sección prismática. Se apoya en sus extremos sobre puntales verticales o sobre jabalcones. A este sistema estructural vertical, destinado a sustentar a las sopandas se le denomina portasopanda.

 Definición

Jabalcón
Elemento ensamblado a otro vertical, que soporta a un elemento resistente horizontal.

La sopanda se coloca en la parte inferior de un dintel o de una viga para reforzarlos y mantenerlos durante su ejecución, hasta que toman estabilidad y consistencia propia.

Esquema de colocación de sopanda provisional en el dintel de un hueco durante la ejecución de un muro de mampostería

La sopanda evita la flexión inicial durante la construcción del elemento que soporta, y reparte linealmente las cargas soportadas.

La ejecución de sopandas también se puede utilizar formando una base de apoyo sólida para la cimbra de un arco.

 Recuerde

Elementos auxiliares:

I Cercos.
I Marcos.
I Cargaderos.
I Plantillas.
I Cimbras.
I Monteas.
I Sopandas.

2.8. Aplicación práctica

Se va a explicar en la ejecución de un arco en el hueco de paso de un muro de mampostería, cómo sería el uso adecuado de los elementos auxiliares.

El procedimiento es el siguiente.

1. Ejecutar el muro normalmente, dejando el hueco previsto, hasta llegar a la altura de arranque del arco.
2. Colocar una sopanda que cubra todo el ancho del hueco de forma que su cara superior coincida con la cota de arranque del arco.
3. Apuntalar sólidamente la sopanda y arriostrar el apuntalamiento lateralmente sobre las jambas evitando movimientos de la estructura provisional.
4. Realizar la cimbra de forma que el radio de su cara exterior coincida con el radio del intradós del arco que se pretende ejecutar.
5. Colocar la cimbra sobre la sopanda, fijándolas entre sí sólidamente. Comprobar la estabilidad del conjunto antes de continuar con los trabajos, evitando movimientos de la estructura auxiliar durante la ejecución.
6. Ejecutar el arco colocando las piezas que lo forman desde los extremos hacia el centro.
7. Una vez "cuajado" el arco, continuar con la construcción del muro en toda su altura.
8. Terminado el muro, y una vez que se considera sólido y estable por sí solo, aflojar levemente el apuntalamiento de los elementos auxiliares.
9. Mantener los medios auxiliares al menos 48 horas para observar que no se producen movimientos, asentamientos o fisuras.
10. Si el comportamiento de lo ejecutado es correcto, desmontar definitivamente la cimbra, la sopanda y el apuntalamiento, dejando el hueco libre para su uso.

3. Resumen

Los elementos auxiliares son los sistemas y medios de ejecución provisionales que normalmente no forman parte integrante del elemento ejecutado, pero se requiere su utilización para realizarlo correctamente.

Durante la ejecución de un muro de mampostería, los elementos auxiliares que habitualmente se pueden utilizar son:

- **Cercos.** Elemento perimetral rígido que sirve para delimitar y dar forma a un hueco durante su ejecución.
- **Marcos.** Elementos similares a los cercos, y que habitualmente, una vez ejecutado el hueco forman parte de la carpintería que lo cierra.
- **Cargaderos.** Elementos resistentes horizontales que forman un dintel enterizo en la parte superior del hueco, transmitiendo sus esfuerzos a las jambas laterales.
- **Plantillas.** Constituyen un patrón o molde a escala real que apoya la ejecución de un determinado elemento singular del muro.
- **Cimbras.** Estructura provisional que se utiliza como apoyo para soportar temporalmente el dintel o arco de un hueco, durante la ejecución del muro. Principalmente se puede encontrar cimbras:

  - De ladrillo.
  - De madera.
  - Metálicas.
  - Deslizantes.

- **Monteas.** Replanteo previo, a escala real, de los elementos principales que componen el muro, sirviendo de base para la elaboración de moldes, plantillas de despieces, cimbras, cercos, etc.
- **Sopandas.** Elemento lineal, colocado horizontalmente, que se apoya en sus extremos sobre puntales verticales o sobre jabalcones. Se coloca en la parte inferior de un dintel o de una viga para reforzarlos y mantenerlos durante su ejecución. También se puede utilizar como base de apoyo de la cimbra de formación de un arco.

Ejercicios de repaso y autoevaluación

1. El uso de los medios auxiliares adecuados en la ejecución de un muro de mampostería aporta una serie de beneficios, indique tres de ellos.

_____

_____

2. Relacione el medio auxiliar con su definición.

    a. Es una especie de molde a escala real de un determinado elemento singular que se ha de ejecutar en el muro.
    b. Es aquel elemento auxiliar que una vez ejecutado el hueco, pasa a formar parte de la propia carpintería que lo cierra.
    c. Es una estructura provisional que se utiliza para soportar temporalmente el dintel o arco de un hueco, durante la ejecución del muro
    d. Elemento perimetral que da forma a un hueco en un muro.
    e. Son elementos horizontales destinados a formar un dintel enterizo, que delimita a un hueco por su parte superior, transmitiendo sus esfuerzos a las jambas laterales.

    __ Cimbras.
    __ Cargaderos.
    __ Marcos.
    __ Plantillas.
    __ Cercos.

3. Las cimbras pueden ser…

    a. … deslizantes.
    b. … de mortero.
    c. … de aluminio.
    d. … solo de ladrillos.

4. Complete las siguientes cuestiones.

Mediante la realización correcta de _____, el operario se puede anticipar a posibles desajustes de replanteo o problemas de ejecución antes del comienzo de los trabajos.

La _____ evita la flexión inicial durante la construcción del elemento que soporta, y reparte linealmente las cargas soportadas.

Al sistema estructural vertical, destinado a sustentar a las sopandas se le denomina

_____.

El _____ es un elemento ensamblado a otro vertical, que soporta a un elemento resistente horizontal.

5. Si tuviera que realizar una bóveda o un arco de gran espesor, ¿qué tipo de cimbra utilizaría? ¿Y para una serie de arcos en el que todos tienen idénticas dimensiones?

_____
_____
_____
_____

Capítulo 6

Protecciones contra la humedad

Contenido

1. Introducción

La presencia de humedad en un muro o en cualquier edificación genera una variedad de patologías que los hacen poco saludables para las personas que los habitan o usan y, además, merman el estado del edificio, tanto estructural como estéticamente.

En el presente capítulo se realiza un breve análisis de algunos de los medios de protección frente a la humedad que se pueden aplicar a muros de mampostería.

2. Protecciones contra la humedad

Aparecen problemas de humedad cuando en algún punto de la construcción se manifiesta la presencia de agua de forma no deseada y, en magnitudes por encima del porcentaje normal, atribuible a cada material. La presencia de humedad en un muro puede provocar una serie de patologías y problemas añadidos como pueden ser:

- **Estéticos,** con la aparición de manchas y eflorescencias.
- De **salud** para las personas por la creación bacterias y microorganismos.
- **Estructurales,** por erosión de los materiales internos del muro, perdiendo solidez y estabilidad.
- Por **heladicidad** del agua que ocupa los huecos interiores, que expande al congelarse provocando roturas y desprendimientos de los elementos integrantes del muro.

A fin de evitar o minimizar estos problemas, se pueden adoptar una serie de **medidas correctoras** durante la ejecución del muro, que se pueden dividir en:

Barreras internas	Evitan la circulación del agua por el interior del muro.
Barreras externas o tratamientos superficiales	Evitan o reducen la posibilidad de acceso de humedad al muro desde sus caras interna y externa.

2.1. Barreras en arranques

Las barreras en arranques de muros se colocan a fin de evitar principalmente la humedad por capilaridad proveniente del terreno. En muros de mampostería, en los que habitualmente su base se encuentra enterrada en el terreno, este problema es muy común.

Este tipo de humedad es una patología que se difunde a través de los poros del material por la acción de la propiedad del agua de ascensión capilar. El alcance de esta patología depende del grado de porosidad del material afectado, de la proporción de agua que presenta el terreno y de la índole de su procedencia. La patología tendrá distinta incidencia y tratamiento corrector si el agua aparece debido a la acumulación de **agua de lluvia,** si es por causa de **nivel freático** o si es debido a **fugas de tuberías** de agua o saneamiento.

 Definición
_____

Nivel Freático
Nivel que alcanza el agua subterránea en un determinado punto.
_____

Independientemente de que se actúe para minimizar la presencia de agua en la base del muro, para evitar la humedad por capilaridad es necesario colocar una barrera antihumedad en el arranque del muro que detenga la ascensión del agua a través de los poros del material.

La **barrera antihumedad** por capilaridad se basa en la colocación de material impermeable en una junta horizontal del muro, ocupando totalmente el espesor del muro. Para que la impermeabilización de la base del muro tenga efecto, es necesario colocar la barrera al menos a 30 centímetros sobre el nivel del terreno.

Muro afectado por humedad en su base.

Elementos para crear las barreras antihumedad

En el mercado existen diversas opciones para la creación de una **barrera antihumedad,** que se pueden utilizar por sí solas o como combinación de varias, mejorando el rendimiento. Entre las más usadas se pueden citar:

- Lámina impermeabilizante bituminosa o de caucho.
- Lámina de film de polietileno.
- Imprimación con pintura asfáltica.
- Añadir aditivos hidrófugos o bituminosos al mortero utilizado en la ejecución del muro.
- Incluir barrera ejecutando junta horizontal mediante capa de mortero especial impermeabilizante a base de resina de poliuretano, epoxi, etc.

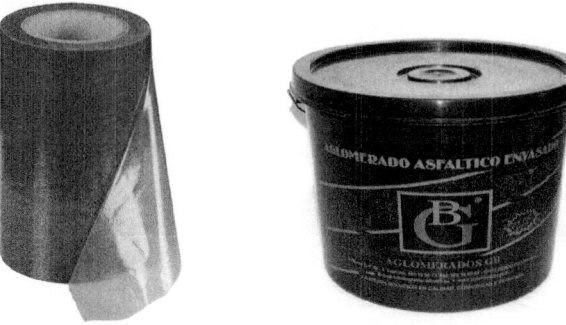

Algunos productos contra la humedad.

Sabía que...

El epoxi es una resina que se endurece cuando se mezcla con un elemento catalizador.

Los aditivos hidrófugos bloquean los poros y capilares del hormigón impidiendo el paso del agua.

Consideraciones a tener en cuenta en la creación de BARRERAS antihumedad

A la hora de realizar barreras antihumedad es necesario tener en cuenta ciertos aspectos que dependerán del tipo de muro al que se pretenda impermeabilizar. Distinguiéndose así las siguientes consideraciones.

Barreras en muros de carga

Hay que tener en cuenta que la barrera antihumedad constituye un plano de debilitamiento horizontal en esa altura del muro, por lo que a la hora de ejecutarla se debe tomar la decisión más apropiada, de forma que se garantice que no se ve mermada la solidez del mismo. Se ha de cuidar este aspecto especialmente cuando el muro es de carga, ya que los esfuerzos horizontales a los que se ve sometido el muro pueden provocar un deslizamiento en el nivel donde se ubica la barrera impermeabilizante.

Medidas de seguridad

Para minimizar este riesgo se pueden tomar algunas **medidas** de seguridad como:

- Colocar la barrera impermeabilizante de forma escalonada, a diferente cota horizontal.
- Colocar la impermeabilización con un pequeño desnivel entre las caras de la sección del muro, dotándola de una leve pendiente descendente en sentido contrario a los esfuerzos horizontales previstos.

∎ Utilizar un material impermeabilizante con alto grado de flexibilidad y adherencia al soporte, de forma que se adapte a la sección del muro evitando la creación de un plano liso de desplazamiento, mejorando así la trabazón con los mampuestos que se coloquen encima.

Barreras en muros de contención de tierras

En el caso de muros de mampostería ejecutados con la finalidad de contención de tierras, la colocación de la barrera puede ocasionar un importante riesgo de vuelco una vez que el muro se vea sometido a las cargas horizontales que le transfiere el terreno. Es por tanto necesario valorar en este tipo de muros la no colocación de la barrera antihumedad, teniendo en cuenta además, que su efecto de protección se ve minimizado, ya que el muro estará en contacto con el terreno en toda su altura, y es posible que aparezcan problemas de humedad por encima de la propia barrera protectora.

Medidas a adoptar

En este caso es aconsejable valorar en el diseño otras alternativas de protección como:

∎ Tratamientos superficiales de impermeabilización en las caras en contacto con el terreno.
∎ Ejecución de sistemas de drenaje suficientes que eviten la acumulación de agua en el terreno existente en el trasdós del muro.
∎ Añadir aditivos hidrófugos o bituminosos al mortero utilizado en la ejecución del muro.

 Recuerde

En un muro de contención, su trasdós es la cara que está en contacto con el elemento contenido. Cara trasera del muro.

2.2. Acabados superficiales

La humedad superficial de un muro puede afectarle desde ambas caras, fundamentalmente por:

Cara externa	Por el agua de lluvia o por la humedad contenida en el ambiente.
Cara interna	En muros de contención de tierras o de sótano, por la humedad que le transmite el terreno.
	En muros de cerramiento, por humedad interior de condensación.

Cara externa

Por las características de los muros de mampostería, que generalmente se realizan con acabado visto en su cara exterior, es muy habitual que no se le aplique ningún tipo de revestimiento externo. Esta particularidad hace que los efectos de humedad por agua de lluvia le perjudiquen especialmente, sobre todo en caso de muros de mampostería en seco, que a través de las juntas tiene la entrada abierta al interior del muro.

 Nota

Los muros de mapostería en seco son aquellos en los que se colocan los mampuestos sin mortero.

Para mejorar la protección contra la entrada de humedad superficial exterior, se puede optar por:

- Ejecutar el muro con juntas rellenas de mortero, frente al muro de mampostería en seco.
- Elegir un tipo de piedra compacta, que presente poco grado de porosidad.

■ Dotar a la superficie del muro de una película de protección exterior, mediante una capa de imprimación impermeabilizante transparente.

 Importante

En detrimento de esta última opción, hay que tener en cuenta que puede modificar el aspecto final del muro, desvirtuando la estética deseada. Además, si no permite la transpiración correctamente puede producir otras patologías al no dejar pasar la humedad natural interior.

Cara interna

Cabe distinguir dos situaciones, en las que habrá de tener en cuenta una serie de consideraciones.

Muros en contacto con el terreno

En estos casos, una vez ejecutado el muro, antes del relleno de tierra en su trasdós, se pueden aplicar una serie de acabados de protección contra la humedad, que pueden ser:

■ Imprimación de la superficie con pintura de base asfáltica o bituminosa.
■ Colocación de lámina impermeabilizante asfáltica adherida al trasdós del muro.
■ Colocación de lámina drenante de polietileno, dotada de nódulos o resaltes en su superficie, que evita el contacto directo del terreno con el muro. Permite que el agua drene verticalmente entre sus nódulos y de esta forma no ejerza presión sobre la superficie del muro. También actúa como protector de la lámina asfáltica, evitando el contacto directo con el terreno.

Lámina drenante con nódulos.

▐ Relleno de grava en la zona en contacto con la superficie del muro. Hace que el agua drene verticalmente por los huecos de la grava evitando la sobrepresión sobre la cara del muro.

▐ Colocación de tubos drenantes atravesando el espesor del muro que evitan la acumulación de agua en la parte trasera.

Estas soluciones pueden aplicarse por sí solas o como combinación de varias, mejorando en este caso los resultados. Para la aplicación de imprimaciones o láminas impermeabilizantes es necesaria una superficie lisa y homogénea, por lo que en estos casos se debe realizar un enfoscado previo de la superficie interior del muro.

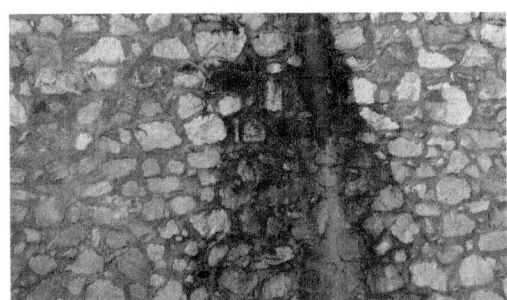

Importante patología por humedad.

Consejo

Para mejorar este resultado, se pueden añadir aditivos hidrófugos al mortero a utilizar en dicho enfoscado.

Muros de cerramiento de locales cerrados

En este caso, la humedad habitual se produce por **condensación.** La condensación se debe a la diferencia de temperatura entre el interior del local y la superficie del muro. El salto de temperatura hace que el agua contenida en el aire en reposo que se encuentra cercano al muro, se condense y se adhiera a su superficie, provocando manchas de humedad y aparición de mohos.

Definición

Condensación
Fenómeno de cambio de estado de vapor a líquido.

Esta patología se manifiesta de forma más acusada cuando:

- La habitación está dotada de poca ventilación, por lo que el aire permanece en reposo más tiempo.
- La humedad relativa del aire es elevada como el caso de baños, cocinas, etc.
- En épocas frías, que aumenta el salto térmico entre interior y exterior.
- El cerramiento ofrece una elevada transmisión térmica.

Los tratamientos superficiales que se le pueden aplicar al muro para reducir esta patología son:

▪ Revestido interior con morteros ejecutados con aditivos hidrófugos.
▪ Terminación del revestimiento con pintura hidrófuga, repelente al agua.
▪ Empleo de lámina de poliéster o de fibra de vidrio con resinas, colocada entre dos capas de revestimiento hidrófugo.
▪ Ejecución de tabique interior creando una cámara de aire aislada.

 Aplicación práctica

Imagine que tiene que aplicar un tratamiento superficial por la cara interna de un muro de mampostería que está destinado a la contención de tierras de una zona ajardinada. ¿Cuál sería el proceso óptimo para efectuar dicho tratamiento?

SOLUCIÓN

1. Una vez terminado el muro, y antes de efectuar el relleno de tierras en su trasdós, ejecutar un revestimiento regularizador de su cara interna con mortero de cemento con aditivo hidrófugo.
2. Después del fraguado del revestimiento, aplicar una imprimación con pintura asfáltica.
3. Colocar la impermeabilización con lámina asfáltica adherida al soporte.
4. Colocar la lámina drenante.
5. Realizar el relleno posterior, vertiendo grava en la zona más cercana al muro.

3. Resumen

Para reducir los problemas provocados por la humedad en un muro de contención se pueden utilizar:

▪ Barreras internas. Evitan la circulación del agua en el interior del muro. Las más habituales son las barreras en el arranque del muro. Evitan la ascensión de agua por capilaridad procedente del terreno.

Pueden ser, entre otras:

- Lámina impermeabilizante bituminosa o de caucho.
- Lámina de film de polietileno.
- Imprimación con pintura asfáltica.
- Aditivos hidrófugos o bituminosos al mortero.
- Mortero especial impermeabilizante a base de resina.

- Barreras externas o tratamientos superficiales. Reducen la entrada de humedad al muro desde sus caras.

  - Cara exterior:

    - Imprimación impermeabilizante incolora.

  - Cara interior en contacto con el terreno:

    - Imprimación asfáltica
    - Lámina asfáltica.
    - Lámina drenante.
    - Tubos de drenaje.

  - Cara interior locales cerrados:

    - Revestimientos hidrófugos.
    - Pintura antihumedad.

Ejercicios de repaso y autoevaluación

1. El nivel que alcanza el agua subterránea en un determinado punto se denomina...

   a. ... punto subfluvial.
   b. ... trasdós.
   c. ... nivel freático.
   d. ... grado de porosidad.

2. Indique cuáles de las siguientes cuestiones son verdaderas y cuáles falsas.

   a. Para una impermeabilización efectiva de la base del muro es necesario que la barrera antihumedad por capilaridad se coloque a 50 cm sobre el nivel del terreno.

     ☐ Verdadera
     ☐ Falsa

   b. En un muro de contención, el trasdós es la cara trasera del muro, es decir, la que está en contacto con el elemento contenido.

     ☐ Verdadera
     ☐ Falsa

   c. La humedad en la cara interna de los muros de contención se produce por la humedad interior de condensación.

     ☐ Verdadera
     ☐ Falsa

3. Para disminuir el riesgo que existe en los muros de carga, del deslizamiento a nivel de la barrera impermeabilizante por los esfuerzos horizontales a los que se ve sometido, ¿qué medidas se pueden adoptar?

_____
_____
_____
_____

4. Relacione la técnica empleada contra la humedad con el muro de mampostería que le corresponda.

    a. Cara interna de muro en contacto con el terreno
    b. Cara interna de muro de cerramiento de locales cerrados.
    c. Cara externa del muro.

    __ Utilizar un tipo de piedra compacta con poco grado de porosidad.
    __ Relleno de grava en la zona en contacto con la superficie del muro.
    __ Revestido interior con morteros ejecutados con aditivos hidrófugos.
    __ Ejecutar el muro con juntas rellenas de mortero.
    __ Terminación del revestimiento con pintura hidrófuga repelente del agua.
    __ Imprimación de la superficie con pintura de base asfáltica o bituminosa.

5. Complete las siguientes cuestiones.

La humedad habitual en los muros de cerramiento de locales cerrados se produce por _____.

La humedad superficial de un muro por su cara _____ se produce por el _____ o por la humedad _____.

Para la aplicación de imprimaciones o láminas impermeabilizantes es necesaria una superficie _____ y _____.

Capítulo 7
Patología

Contenido

1. Introducción

En construcción, se entiende por patología la ciencia que analiza los defectos y daños constructivos que se presentan en algún elemento de la edificación una vez concluido.

Los tipos de patologías que se pueden encontrar en un muro de mampostería son múltiples y por variadas causas. En el presente tema se pretende realizar un repaso sobre las más frecuentes.

2. Patologías

Para ofrecer una solución óptima a cada tipo de patología, una vez que se manifiesta, es necesario analizar previamente y conocer:

- El alcance de las lesiones.
- Dónde se origina.
- Las causas que la provocan.
- Su evolución.

Existen numerosas causas que, individualmente o por la acción combinada de varias, pueden provocar problemas y deterioros en un muro de mampostería.

Entre ellas se pueden distinguir dos grupos diferenciados en función del origen del problema:

- **Origen interno:** si las causas provienen de defectos intrínsecos al propio muro.
- **Origen externo:** provocadas por factores ajenos al elemento constructivo.

	Defectos en el planteamiento y diseño previo del muro.
INTERNAS	Fallos durante el proceso de ejecución.
	Deficiencias en los materiales empleados.

Continúa en página siguiente >>

<< Viene de página anterior

EXTERNAS	Patologías como consecuencia de la existencia de humedad.
	Por efectos de la suciedad y contaminación externa.
	Por asientos diferenciales en el apoyo.
	Erosión de la superficie.
	Daños producidos por organismos o microorganismos.
	Residuos perjudiciales generados por animales.
	Acciones vandálicas.

Un elevado porcentaje de las patologías a las que se puede ver sometido un muro de mampostería están derivadas o tienen su origen en la presencia de humedad en el muro, ya sea por una u otra causa.

A continuación se ofrece un breve repaso de algunas de las patologías más habituales que se pueden dar en un muro de mampostería.

2.1. Eflorescencias

Las **eflorescencias** se producen por la humedad a la que, por una u otra causa se ve sometido el muro. El agua de dicha humedad discurre a través de los poros del material, y una vez que llega a la superficie se evapora por la acción de la temperatura y el viento. Durante el proceso de evaporación, las sales contenidas en el agua se depositan en la superficie del muro, produciendo unas manchas blanquecinas en su paramento.

Eflorescencias en un muro de mampostería.

Para evitar la aparición de eflorescencias se deberán tener en cuenta las siguientes precauciones:

- Correcta impermeabilización del muro, especialmente si está en contacto con el terreno.
- Uso de materiales con escasa porosidad.
- Uso de morteros con aditivos hidrófugos.

Sin embargo, una vez aparecidas las eflorescencias en el muro, estas pueden eliminarse de las siguientes maneras:

- Limpieza con cepillo.
- Limpieza con chorro de agua. Se debe utilizar agua con poca salinidad y realizarlo en tiempo cálido para que la evaporación se produzca con rapidez y no dé lugar a la aparición de nuevas eflorescencias.
- Limpieza con productos específicos desincrustantes, de origen químico a base de ácidos, en caso de que las sales no se disuelvan con facilidad en el agua.
- Limpieza mecánica mediante chorro de arena o utilizando cepilladoras, cuando las sales cristalizan formando superficies consistentes de difícil disolución.

Limpieza de un muro de forma mecánica con chorro de arena.

2.2. Desconchados

Los **desconchados** de la roca son los desprendimientos superficiales, que se producen por el efecto de erosión que produce el agua cuando circula por los poros, fisuras y oquedades de la piedra.

 Definición

Oquedad
Hueco o espacio vacío que existe en un cuerpo sólido.

Este efecto de erosión interna, lentamente va debilitando la estructura de cohesión de la roca causando exfoliaciones en mayor o menor medida dependiendo del tipo de piedra utilizada. Este debilitamiento estructural de la piedra, se une al que se produce por la acción de agentes dañinos externos como contaminación, exposición a ambientes perjudiciales y el desgaste propio del uso, incrementando la fragilidad de la piedra especialmente en su cara exterior, y provocando desprendimientos de láminas de su superficie o desconchados.

Por el origen de este tipo de patología, es habitual que los desconchados se produzcan en láminas paralelas a la superficie de la piedra.

2.3. Heladicidad

El agua aumenta de volumen cuando su temperatura desciende de 0 ºC y se congela, pasando de estado líquido a sólido. El grado de heladicidad de un material es su capacidad de soportar las fuerzas de expansividad que se producen en su interior por el aumento de volumen del agua contenida en sus poros al helarse.

Resulta claro que, en general, cuanto mayor sea el grado de porosidad de un determinado tipo de piedra, mayor capacidad de absorción de agua tendrá, y por tanto ofrecerá menor resistencia a la heladicidad.

Un determinado tipo de piedra que ofrezca escasa resistencia a la heladicidad, si se encuentra en una zona donde se vea sometida regularmente a ciclos de hielo-deshielo, puede terminar sufriendo agrietamientos, desprendimientos de su superficie e incluso roturas, con el consiguiente deterioro del muro del que forma parte.

Rotura y desprendimiento de parte del volumen de un mampuesto.

En los muros de mampostería puede aparecer también otro tipo de patología relativa a la heladicidad, incluso utilizando un tipo de piedra con alta resistencia a la misma que no sufra roturas por esta causa. El problema se puede presentar por la congelación del agua que, por humedad del muro, se encuentre contenida en los espacios existentes entre los mampuestos. Al sufrir el aumento de volumen, los esfuerzos que se originan empujan a los mampuestos, pudiendo ocasionar desplazamientos de los mismos, grietas en el muro e incluso desprendimientos.

Por tanto, una vez conocidas las causas y el origen de las patologías debidas a las heladas, se pueden citar una serie de factores que influyen significativamente en la resistencia de un muro ante este fenómeno:

Zona geográfica	Será más grave este problema si el muro está ubicado en una zona geográfica con clima frío y existencia habitual de heladas.
Tipo de piedra	Cuanto más compacta sea el tipo de piedra elegido, y menos porosidad presente, mejor resistencia a la heladicidad.
Permeabilidad del muro	Un muro en seco permite con más facilidad el paso de agua a su interior a través de los huecos entre mampuestos. Ofrece mejor protección ante esta patología un muro con las juntas rellenas de mortero.
Tipo de mortero	La utilización de mortero poco poroso y resistente limita los problemas de heladicidad en los huecos entre mampuestos.
Humedad	Si el muro sufre una humedad excesiva, aumentan los problemas por heladicidad del agua contenida.

2.4. Permeabilidad

La **permeabilidad** de un muro es su grado de absorción a través de su estructura de un determinado fluido. El grado de permeabilidad de un muro de mampostería expresa la oposición que ofrece al paso, especialmente, de elementos líquidos.

Para proteger al muro de patologías derivadas de la presencia de humedad se debe ejecutar de forma que sea lo más impermeable o estanco posible. Para ello se deben tener en cuenta algunas consideraciones a la hora de su diseño y ejecución, como:

- Uso de rocas de naturaleza compacta y homogénea en la fabricación de los mampuestos, es decir que tengan poca porosidad.
- Utilización de mampuestos que no presenten fisuras, grietas u oquedades que permitan el paso de agua al interior.
- Efectuar el muro con juntas rellenas de mortero, evitando el muro de mampostería en seco.
- Para el relleno de las juntas, y como elemento de unión entre mampuestos, utilizar morteros que presenten escaso grado de porosidad una vez fraguados.
- Incluir algún aditivo hidrófugo en la elaboración del mortero.
- Utilizar piedra que presente un alto grado de adherencia al mortero.

- Retacado del mortero de agarre entre mampuestos de forma que no deje huecos entre los mismos.

Tipo de muro con alto grado de permeabilidad.

 Definición

Mortero de retacado
Mortero que sirve de relleno para compactar los espacios entre mampuestos.

El grado de permeabilidad del muro, además de por los materiales empleados y por el tipo de ejecución realizada, dependerá también de las condiciones del fluido en cuestión, como:

- Su densidad.
- Su temperatura.
- La presión con la que acomete al muro.

2.5. Expansión por humedad

Uno de los problemas más habituales que se pueden encontrar en una construccion es la aparicion de **humedad.** Se trata de la presencia no pretendida de agua en algún punto de la edificación.

 Nota

La presencia de humedad en un muro de mampostería, es a menudo el origen de gran parte de las patologías que puede sufrir.

La expansión por humedad es la particularidad que tiene cada material de incrementar sus dimensiones ante la penetración de humedad en su masa.

Existen dos causas principales que pueden ocasionar la aparición de humedad:

- Por la entrada de agua en estado líquido.
- Por condensación de vapor de agua.

La presencia de humedad ocasiona numerosos problemas:

- **Problemas estéticos.** Aparición de manchas en las zonas afectadas por la humedad.
- **Problemas de salud** a las personas que habitan el edificio, por aparición de hongos.
- **Problemas de solidez y resistencia estructural** de la construcción. La humedad provoca expansión de los materiales en mayor o menor grado, produciendo grietas y roturas que debilitan y deforman el elemento afectado.

Aplicación práctica

¿Cuáles mampuestos ofrecen mejor grado de protección ante la humedad, y por tanto ante diversos tipos de patologías? Ordénelos de forma descendente.

a. Mampuestos de piedra tipo mármol, con buena compacidad, tomados con mortero de cemento normal, y juntas de superficie en seco.
b. Mampuestos de piedra arenisca arcillosa, muy porosa, colocados en seco.
c. Mampuestos de piedra caliza, de compacidad media con juntas rellenas con mortero de dosificación normal.
d. Mampuestos de piedra basáltica, muy compacta, tomados con mortero de cemento con dosificación rica y aditivos hidrófugos.

SOLUCIÓN

d. Muro de piedra basáltica, con mortero hidrófugo de gran calidad, adecuado para casos en los que se demanda buena capacidad estructural, perdurabilidad, poco permeable al paso de humedad poco deterioro de las condiciones estéticas exteriores.
a. Muro de piedra tipo mármol con juntas en seco. El tipo de piedra es resistente a la erosión y heladicidad, pero por la ejecución, permite el paso de humedad a los espacios huecos entre mampuestos.
c. Piedra caliza tomada con mortero de dosificación normal. Tipo de muro con una moderada estanqueidad ante la humedad. Uso en lugares donde no esté sometido a grandes esfuerzos y se permita que el aspecto final pueda variar con el tiempo.
b. Piedra arenisca arcillosa en seco. Muro muy permeable y tipo de roca poco resistente. Adecuado para muretes de jardinería y tipo rocalla.

3. Resumen

Existe una elevada variedad de patologías a las que se puede ver afectado un muro de mampostería.

Dependiendo de la naturaleza de la patología, pueden ser:

- **Origen interno:** causas por defectos o problemas del propio muro.
- **Origen externo:** provocadas por factores ajenos al muro.

Una gran mayoría de las patologías de un muro de mampostería tienen su origen en la presencia de humedad.

Entre las más comunes están:

EFLORESCENCIAS	Manchas provocadas por las sales del agua depositadas en la superficie del muro al evaporarse.
DESCONCHADOS	Desprendimientos superficiales en la cara externa del muro.
HELADICIDAD	Grietas o roturas provocadas por la expansividad del agua contenida en el interior al congelarse.
PERMEABILIDAD	Grado de estanqueidad del muro al paso de agua por su interior.
EXPANSIÓN POR HUMEDAD	Deformaciones, grietas o roturas provocadas por el aumento de volumen de los materiales en presencia de humedad.

Ejercicios de repaso y autoevaluación

1. Clasifique las siguientes causas de aparición de patologías en muros de mampostería, según sean de origen interno u origen externo.

    a. Patologías como consecuencia de la existencia de humedad.
    b. Por asientos diferenciales en el apoyo.
    c. Defectos en el planteamiento y diseño previo del muro.
    d. Deficiencias en los materiales empleados.
    e. Erosión de la superficie.
    f. Daños producidos por organismos o microorganismos.
    g. Fallos durante el proceso de ejecución.

2. ¿Cuál de las siguientes actuaciones NO puede considerarse como una precaución efectiva para evitar la aparición de eflorescencias?

    a. Correcta impermeabilización del muro, especialmente si está en contacto con el terreno.
    b. Ejecutar el muro con espesor superior a 50 cm.
    c. Uso de materiales con escasa porosidad.
    d. Uso de morteros con aditivos hidrófugos.

3. Complete las siguientes definiciones.

Los desconchados de la _____ son los _____ superficiales, que se producen por el efecto de _____ que produce el _____ cuando circula por los _____, fisuras y _____ de la _____.

La permeabilidad de un muro es su grado de _____ a través de su _____ de un determinado _____.

La expansión por _____ es la _____ que tiene cada material de _____ sus dimensiones ante la _____ de humedad en su _____.

4. Cite al menos tres factores que influyen significativamente en la resistencia de un muro ante la heladicidad.

_____
_____
_____
_____

5. Ante las consideraciones a la hora del diseño y ejecución de un muro para protegerlo de patologías derivadas de la presencia de humedad de forma que sea lo más impermeable o estanco posible, indique cuáles de las siguientes cuestiones son verdaderas y cuáles falsas.

   a. Uso de rocas que tengan poca porosidad.

      ☐ Verdadera
      ☐ Falsa

   b. Utilización de mampuestos que no presenten fisuras, grietas u oquedades que permitan el paso de agua al interior.

      ☐ Verdadera
      ☐ Falsa

   c. Efectuar el muro con juntas rellenas de arena.

      ☐ Verdadera
      ☐ Falsa

   d. Incluir algún aditivo acelerante del fraguado en la elaboración del mortero.

      ☐ Verdadera
      ☐ Falsa

   e. Utilizar piedra que presente un alto grado de adherencia al mortero.

      ☐ Verdadera
      ☐ Falsa

Capítulo 8
Procesos y condiciones de ejecución de fábricas de mampostería

Contenido

1. Introducción

Durante todo el proceso de construcción de un muro de mampostería es necesario seguir y respetar un orden y unas condiciones de ejecución mínimas que garanticen el correcto resultado final.

Seguir unas pautas y unos parámetros básicos de ejecución evita errores, defectos y problemas durante el transcurso de la obra, así como posteriormente, una vez finalizado el muro.

2. Suministro

Antes del comienzo de la ejecución del muro se deben tener definidos en proyecto todos los parámetros del mismo en cuanto a dimensiones, materiales, tipología, aparejo, tamaño medio y forma de los mampuestos, condiciones de ejecución, etc.

A fin de prever el suministro de la piedra de forma que en obra se evite al máximo su manipulación, con el consiguiente ahorro de mano de obra, se debe solicitar con las características lo más ajustadas posible a las de los mampuestos que se van a utilizar.

Habitualmente, para la ejecución de un muro de mampostería, se realiza el suministro directamente en obra de la piedra en rama, sin manipulación previa en cantera. De esta forma, la adaptación formal y de tamaño que se necesite realizar, la ejecutan los propios operarios encargados de ejecutar el muro, eligiendo ellos mismos las que mejor se ajusten a cada parte del muro.

Antes de recibir el suministro, es conveniente tener la cimentación preparada para que, una vez acopiada la piedra, esta no suponga un obstáculo para el acceso al cimiento.

Se debe tener preparada una franja lateral a lo largo del muro, que permita descargar la piedra de forma lineal, en toda la longitud en planta de la fábrica, facilitando de esa forma el acceso al material. Así se obtienen las siguientes ventajas:

- Se evitan excesivos desplazamientos del personal para acceder al material.
- Se evitan transportes innecesarios de la piedra en el interior de obra.

Estas ventajas conllevan una mejora en la rapidez de ejecución del muro, y el consiguiente abaratamiento de costos sin menoscabar la calidad del producto final.

Suministro de piedra en rama, acopiada linealmente y preparada para ejecución de muro de mampostería.

La piedra suministrada debe tener la composición y resistencia requeridas. Se debe comprobar que no incluya sustancias que se puedan descomponer o manchar la mampostería. Se debe comprobar que la piedra no presente blandones, trozos incrustados de otros materiales, fisuras, coqueras o cualquier elemento que debilite su resistencia y su durabilidad.

 Definición

Blandón
En la piedra de sillería es un pedazo que no tiene la dureza de lo demás.

Coquera
Hueco en la piedra originado por la desaparición de restos fósiles existentes en el interior de la masa de la piedra.

3. Preparación

Obviamente, antes de comenzar la ejecución del muro es necesario realizar la preparación previa de la base y cimentación sobre la que se va a sustentar.

En cualquier estructura se ha de comprobar que el terreno sobre el que se va a construir tiene las características adecuadas para soportar los esfuerzos a los que se le va a someter. Estas características se analizan normalmente en el estudio geotécnico que hay que realizar antes del comienzo de los trabajos.

Previamente al dimensionado del muro se habrá realizado un cálculo de los esfuerzos que ha de soportar una vez ejecutado. Estos pueden ser muy variados dependiendo del tipo de muro que se pretenda construir. Serán muy diferentes el tipo de solicitaciones que recibe un muro de carga, que las que recibe un muro de contención de tierras o un muro de sótano. Con el resultado de estos cálculos, junto con el análisis de los datos aportados por el estudio geotécnico, se realiza el dimensionado de la cimentación.

Grieta en muro de mampostería ordinaria por defectos en el apoyo.

Otro aspecto fundamental del acondicionamiento previo a la ejecución del muro es la preparación de los **mampuestos.** Por su propia definición, los mampuestos son piedras, de tamaño medio, sin labrar, que pueden ser manejadas y puestas en obra por un operario. Por tanto, los mampuestos normales tendrán sus dimensiones comprendidas entre 15 y 30 centímetros aproximadamente y no deben superar los 25 kilogramos de peso cada uno.

En la preparación, es necesario seleccionar, entre la piedra en rama recibida en el suministro, las que cumplan con las características dimensionales, de peso y de forma, según el tipo de mampostería y aparejo previsto para la ejecución del muro. De entre las que no cumplan con las propiedades exigidas, se debe adaptar según el caso:

1. Las que incumplan las condiciones por exceso, y sean más grandes o pesadas de lo previsto, se deben partir en trozos del tamaño y peso aceptados. Se suelen trocear manualmente, a pié de tajo, mediante mazos, cinceles, cuñas, etc., aunque también es posible el uso de pequeñas máquinas portátiles para facilitar esta tarea.
2. Las piedras más pequeñas se apartan para su posterior aprovechamiento como ripios de relleno entre mampuestos, en el interior del muro. También son usados estos fragmentos de menor tamaño para acuñado de los mampuestos en el paramento exterior, en el caso de ejecutar un muro de mampostería enripiada.

 Recuerde

Mampostería enripiada es aquella en la que los huecos existentes entre los mampuestos se rellenan con trozos pequeños de piedra estabilizando y acuñando las piedras de mayor tamaño.

Los mampuestos normales tendrán sus dimensiones comprendidas entre 15 y 30 centímetros aproximadamente, no debiendo superar los 25 kilogramos de peso cada uno.

4. Replanteo en planta y alzado

El primer paso para realizar el replanteo del muro es marcar en planta el trazado de su arranque, señalando principalmente:

- Alineación del muro en planta.
- Ejes.

- Espesor.
- Puntos de encuentro con otros elementos.
- Quiebros, esquinas, cambios de dirección.
- Ubicación en planta de huecos.
- Ubicación en planta de cualquier elemento singular del muro.

Además del marcado de todos los elementos mencionados en su ubicación real, es conveniente trasladar puntos de referencia y ejes a zonas externas al propio muro, realizando marcas fijas que permitan recuperar cualquier medida o alineación una vez que el muro se encuentre en proceso de ejecución.

Una vez realizado el replanteo en planta, se procede al replanteo en alzado, en el que lo primero que es necesario definir es la **cota o nivel de referencia.**

 Nota

El nivel de referencia debe venir indicado en el plano o croquis de que se disponga para la ejecución del muro, y las acotaciones que contenga se han de referir al mismo.

 Definición

Nivel de referencia
Es el plano horizontal que se considera cota cero, y a partir del cual se toman las alturas o cotas relativas de todos los puntos que se necesitan replantear.

Se toma un elemento vertical externo al muro, en el que se marca la cota cero, y la cota de cada punto a replantear que, posteriormente, mediante hilos, niveles y plomadas se traslada al muro durante su desarrollo.

Las cotas que se deben marcar en el replanteo en alzado son:

- Replanteo de nivel de referencia o cota cero.
- Nivel de cambios de espesor.
- Altura de saltos, cambios de altura, quiebros, etc.
- Altura de puntos de encuentro con otros elementos.
- Altura de arranque y terminación de huecos.
- Nivel o altura de cualquier punto singular.

5. Colocación

La solidez y durabilidad de un muro de mampostería depende de muchos factores, siendo uno de los más importantes la colocación cuidadosa de los mampuestos según el aparejo y tipo de muro adoptado.

De nada sirve realizar una buena cimentación si posteriormente, al ejecutar el alzado del muro, las piedras que lo componen no se colocan siguiendo un orden.

Si la cara superior de cimentación se encuentra enterrada respecto al nivel definitivo del terreno, en esa franja horizontal se debe realizar un arranque cuajado del muro, utilizando piedras de mayor tamaño y con formas relativamente planas que asienten sobre la máxima superficie de cimentación.

Si se han dejado incrustados en la cimentación llaves de conexión con piedras de las mismas características, los mampuestos del arranque se deben trabar con ellos, retacando las uniones con mortero de cemento, de forma que se consiga una unión correcta entre el cimiento y el muro.

Antes de colocar los mampuestos del nivel de arranque del muro se debe realizar una limpieza y regado previo de la base.

Una vez preparado el arranque del muro se van colocando manualmente los mampuestos, cuidando de que formen trabazón con los contiguos. Para ello es necesario elegir uno a uno, el mampuesto que mejor se adapte a los que le rodean, intentando que quede el menor hueco posible entre ellos.

 **Nota**

El grado de acoplamiento entre mampuestos dependerá del tipo de aparejo utilizado.

Si el muro tiene un espesor considerable, se tendrá especial cuidado en el tamaño y forma de los mampuestos que se van a colocar en el paramento exterior o cara vista. Dependiendo del tipo de aparejo previsto, se deben elegir los que cumplan de forma más homogénea con las características exigidas.

En algunos casos, será necesario realizar un trabajo manual de adaptación, de forma tosca, de las piedras de las que dispone el operario. Se realiza normalmente mediante un cincelado manual, y por tanto su calidad depende en gran medida de la experiencia del operario. Este trabajo será más necesario en caso de muros en los que se exige menor dispersión en el tamaño y forma de los mampuestos, como en el caso de muros de sillarejos, de mampostería concertada o careada.

Si el muro tiene un espesor considerable, este trabajo de adaptación tosca de las piedras, generalmente se limita a los mampuestos que van a quedar vistos en sus paramentos. Para los que se van a colocar en el interior se pueden poner las piedras que en menor medida cumplan con las características del paramento, tanto en forma como en tamaño, evitando así un trabajo de tallado innecesario.

Ejecución de arranque de muro de considerable espesor.

Se adaptan manualmente los mampuestos que se van a colocar en el paramento visto, según el tipo de aparejo elegido. En el interior se colocan los mampuestos sin trabajar, rellenando los huecos internos con mortero de agarre.

Junto con las piedras de mayor tamaño, en el interior del muro se introduce también, como relleno, los ripios y trozos pequeños de piedras que se obtienen del cincelado realizado a los mampuestos que se colocan en el paramento visto. De esa forma se ocupan en gran medida los huecos que existen entre los mampuestos de mayor tamaño. Esta práctica ofrece varias ventajas:

- Se reduce el consumo de mortero de relleno en el interior del muro.
- Se reducen huecos internos, reduciendo la posibilidad de acumulación de agua en las juntas, y por tanto se disminuyen los riesgos de patologías producidas por la humedad, problemas de roturas por heladicidad, etc.
- Se aprovecha al máximo el material, utilizando casi al completo el suministro de piedra del que se dispone.
- Se abaratan costes adicionales como los de transporte de escombro, ya que su producción se ve reducida por el reducido desperdicio de piedra que se genera.

Cuando el muro tiene un espesor superior al tamaño medio de los mampuestos utilizados, se comienza a colocar en primer lugar las piedras del paramento exterior, cuidando especialmente el correcto acoplamiento entre ellos según el tipo de aparejo elegido. Simultáneamente, conforme va elevándose el muro, se colocan los mampuestos interiores de relleno hasta completar el espesor previsto, acuñándolos con ripios y rellenando los huecos con mortero de cemento, cuando se necesite.

Cada cierta distancia, a fin de garantizar la trabazón del muro, se deben colocar llaves horizontales, también llamadas **perpiaños,** con una longitud suficiente para cubrir el espesor total. El uso de estas llaves evita que se pueda producir la separación entre los mampuestos del paramento y los que rellenan el espesor interno.

 **Definición**

Perpiaño
Piedra que atraviesa todo el espesor del muro.

Si el muro a ejecutar tiene un espesor excesivo, que difícilmente se puede completar con una llave que una ambas caras, se pueden emplazar dos piedras que sobrepasen una longitud mayor a la mitad del muro, que solapen al menos un tercio de su tamaño, de forma alterna. Si el solape no es suficiente para asegurar la solidez del conjunto, se pueden conectar las llaves en la unión interior con enganches metálicos que aseguren su continuidad.

Si se va a ejecutar un tipo de mampostería concertada o de sillarejos, en la que se colocan las piezas siguiendo relativamente cierta horizontalidad en las hiladas, las juntas verticales han de situarse de forma salteada entre hiladas, de forma que no exista continuidad vertical en las llagas. Como medida de garantía, es buena práctica mantener una distancia mínima de veinte centímetros entre las juntas verticales de dos hiladas consecutivas.

Se debe evitar la continuidad de juntas verticales.

En caso de problemas por asentamiento de la base del muro, la continuidad de las juntas verticales sin formar una correcta trabazón entre mampuestos, forma un punto débil por el que se puede producir con más facilidad grietas y roturas del muro.

5.1. Aplicación práctica

A continuación se van a determinar los pasos a seguir durante la preparación y colocación de mampuestos en un muro de mampostería ordinaria con juntas de paramento rellenas y enrasadas.

El procedimiento es el siguiente:

1. Seleccionar los mampuestos que por forma y tamaño se adaptan a las características exigidas para el paramento visto del muro proyectado.
2. Manualmente, mediante el uso de maceta y cincel, eliminar salientes o partes que puedan impedir el correcto acoplamiento con el resto de mampuestos.
3. Partir las piedras de mayor tamaño para conseguir mampuestos similares a los elegidos.
4. Acopiar el ripio obtenido para su aprovechamiento posterior en el relleno de huecos del interior del muro.
5. Colocar los mampuestos de la cara vista, vertiendo capa de mortero previamente, y golpeando las piedras hasta que se adapten con el resto y hasta que fluya el mortero de la junta. Evitar continuidad de las juntas verticales, cuidando la correcta trabazón entre mampuestos.
6. Simultáneamente, completar el resto del espesor del muro con las piedras no seleccionadas para el paramento y con el ripio obtenido, rellenando huecos y calzando las de mayor tamaño con las pequeñas.
7. Verter mortero en los huecos existentes para consolidar la unión entre mampuestos.
8. Antes del endurecimiento del mortero de las juntas exteriores, realizar el rejuntado eliminando el mortero sobrante, enrasando su superficie con la paleta.
9. Limpiar los mampuestos de la cara vista eliminando restos de morteros adheridos.

6. Relleno de juntas

Dependiendo del tipo de aparejo elegido para la ejecución del muro, puede variar el tipo de relleno de las juntas entre mampuestos, o incluso en el caso de mampostería en seco, no se rellenan las juntas del paramento visto.

Si durante la ejecución del muro la temperatura ambiente es elevada, será preciso humedecer la superficie de los mampuestos, tanto de los que se van a colocar inmediatamente como de los que ya se encuentran emplazados en el muro. De esta forma se evita que la piedra provoque una rápida absorción del agua del mortero de las juntas, reduciendo las propiedades de adherencia del mismo.

Las juntas se rellenarán extendiendo una capa de mortero sobre los mampuestos ya colocados. Sobre esta se colocan los mampuestos de la siguiente capa, golpeándolos para que asienten y traben con los inferiores y los laterales.

Antes de que el mortero fragüe, se retiran los restos que rebosan por el exterior de la junta, alisando su superficie por medio de la paleta o de un llaguero. Si el mortero no ha fluido suficientemente en las juntas, y han quedado huecos sin rellenar, se agrega el que falte antes de alisar la superficie.

7. Enjarje

Se denomina **enjarje** a los entrantes y salientes que se dejan cuando se interrumpe la ejecución de un muro, para conseguir una correcta trabazón con los nuevos elementos al proseguirlo posteriormente.

 Recuerde

El trabazón es una recurso constructivo que se emplea para enlazar el muro de mampostería y los demás elementos. La trabazón evita que puedan separarse las piezas ante cargas excesivas o no previstas.

En relación al enjarje, se denomina también **adaraja** a cada uno de los mampuestos que se dejan para conectar la obra al proseguirla a posteriori. También se utiliza el término **endeja** para denominar estos entrantes provisionales realizados en el aparejo de un muro.

El enjarje se debe realizar principalmente cuando se necesite:

■ Garantizar la trabazón correcta en la unión lineal del muro en caso de interrupción de su ejecución, asegurando su continuidad.

■ Asegurar el trabado de los mampuestos en el encuentro entre dos muros, en la formación de esquinas o en cambios de dirección, independientemente de que coincida o no con la interrupción de la ejecución.

■ Realizar un encuentro entre el muro y otros elementos de obra, como fábricas de ladrillo, de bloques, estructura de hormigón, metálica, etc.

Terminación lateral de un muro preparado para realizar la unión con la estructura.

8. Protección contra lluvia, helada y calor

Los agentes atmosféricos no solo afectan al muro una vez que está ejecutado. Durante el proceso de ejecución, las inclemencias del tiempo pueden afectar negativamente al resultado final, por tanto en la fase de construcción del muro es necesario tomar una serie de medidas de protección para evitar problemas y patologías futuras.

Los efectos adversos que producen determinados agentes atmosféricos sobre un muro de mampostería en proceso de ejecución pueden ser:

LLUVIA	Produce el lavado de los finos o partículas pequeñas del mortero de las juntas cuando está en proceso de fraguado, mermando sus propiedades.
	Se acumula agua en el interior del muro, con los posteriores problemas derivados de la humedad.
HELADA	Si se producen heladas cuando el mortero aún se encuentra fresco, se reducen sus propiedades resistentes y de adherencia.
	Si existe agua en el interior del muro, por lluvias previas, al helarse y aumentar su volumen puede provocar roturas de los mampuestos o en la estructura del propio muro.
CALOR	En condiciones de excesiva temperatura ambiental, el agua del mortero fresco sufre un proceso de evaporación más rápido del habitual, provocando un fraguado deficiente, y por consiguiente se reduce su resistencia y su capacidad de adherencia.

8.1. Precauciones ante condiciones ambientales desfavorables

A fin de evitar o minimizar las consecuencias generadas por las condiciones ambientales desfavorables, es necesario, cuando estas se produzcan o se prevea que puedan acontecer, adoptar una serie de precauciones durante la ejecución del muro, como pueden ser:

Protecciones ante la lluvia

- En caso de lluvia, proteger los tajos ejecutados recientemente mediante plásticos.
- Si el muro en ejecución se ve afectado por el vertido de cubiertas cercanas, forjados, etc., reconducir el agua al exterior evitando que derrame directamente sobre el muro.

La protección de plástico impermeabiliza provisionalmente el muro, desviando la acción de la lluvia directa y de las escorrentías. Así se evita que el fluir del agua de lluvia arrastre partículas del mortero sin endurecer, y reduzca las propiedades resistentes y de adherencia del mismo.

Protecciones ante heladas

- Suspender los trabajos si las temperaturas bajan por debajo de los 0° C.
- Si se prevé heladas por la noche, los tajos ejecutados en el día, que se encuentren con el mortero fresco, se deberán proteger cubriéndolos con plásticos o sacos.
- Ejecutar los morteros agregándole aditivos anticongelantes.
- Si se han producido heladas no previstas durante la noche anterior, revisar detalladamente todos los tajos ejecutados en las últimas 48 horas. Si se observa daños a causa de las bajas temperaturas, demoler la parte afectada y volver a ejecutar.

El aire encerrado bajo la lámina de plástico proporciona una cámara que ofrece cierto aislamiento ante las bajas temperaturas. Reduce las posibilidades de que se hiele el mortero fresco o el agua retenida en los huecos del muro, evitando roturas y reducción de las cualidades del mortero.

Protecciones ante el calor

Cuando la temperatura ambiente supera los 30° C se debe evitar la puesta en obra del mortero, o en su caso tomar medidas que eviten la rápida evaporación del agua de amasado.

- Realizar un correcto curado del mortero, manteniéndolo humedecido hasta que finaliza su fraguado.
- No se debe realizar el regado para el curado del mortero con chorros de agua a presión, para evitar que arrastre el mortero y queden las uniones entre mampuestos debilitadas.

 Importante

Este método de protección mediante plásticos no se debe utilizar cuando el problema viene derivado por la acción del calor, ya que se impide la ventilación alrededor del muro, aumentando la temperatura del aire bajo el plástico, y por tanto agravando los problemas derivados por una temperatura excesiva.

9. Limpieza

Durante el proceso de ejecución de un muro, como de cualquier otro elemento de obra, es necesario mantener orden y limpieza, tanto en la zona de trabajo como en el propio muro y sus componentes. La falta de limpieza durante la ejecución del muro provoca problemas de:

- Retrasos en la ejecución.
- Inexactitudes de replanteo y de ejecución.
- Deficiente ejecución.
- Defectos de agarre y cohesión entre los elementos que componen el muro.
- Defectos estéticos y de apariencia una vez terminado el muro.

Para mantener limpio el muro durante el proceso de ejecución, así como la zona de trabajo se han de seguir una serie de **recomendaciones,** como pueden ser:

- Eliminar restos de morteros adheridos al paramento exterior del muro antes de que endurezcan. Una vez eliminados, cepillar y lavar con agua para evitar que la piedra absorba los restos y quede manchada en su parte vista.
- Eliminar restos de mortero seco, polvo y arena en la zona del muro que se está ejecutando, para asegurar la adherencia con el mortero y los mampuestos contiguos.

- Durante la ejecución, mantener los mampuestos colocados húmedos y limpios, evitando la presencia de polvo y restos de otros materiales.
- Mantener el tajo de trabajo limpio y ordenado, evitando desplazamientos innecesarios y riesgos por tropiezos.

10. Resumen

El suministro de la piedra ha de estar exento de blandones, coqueras, fisuras, elementos externos o irregularidades que limiten las características de la misma.

El suministro se debe realizar en una franja lineal, paralela al muro, facilitando el acceso de los operarios al material.

Previamente al comienzo del levantado del muro se debe preparar el cimiento y los mampuestos que se van a utilizar, seleccionando los que cumplen con las características exigidas, y adaptando formalmente el resto.

En el replanteo del muro, se han de marcar, tanto en planta como en alzado todos los puntos, alineaciones y cotas que lo definan, como:

- Alineaciones.
- Ejes.
- Espesor.
- Niveles y alturas.
- Puntos de encuentro con otros elementos.
- Quiebros, esquinas, cambios de dirección, etc.
- Ubicación en planta y alzado de huecos.
- Ubicación y dimensiones de cualquier elemento singular del muro.

La colocación de los mampuestos se debe realizar de forma que se adapten al máximo entre ellos. Los que presenten formas que no acomoden con el resto se deben adaptar manualmente, reduciendo todo lo posible los huecos internos.

Los huecos interiores se rellenan de ripios o piedras de menor tamaño, reduciendo el consumo de mortero y dotando de mayor solidez al muro.

En los muros de mampostería debe evitarse siempre la continuidad de juntas verticales.

Cuando se ha de interrumpir la ejecución de un muro o cuando se va a realizar un encuentro con otro elemento, el tajo se ha de terminar dejando enjarjes en el lateral del muro. Los enjarjes son los entrantes y salientes que se dejan para conseguir una correcta trabazón de los mampuestos.

Al proceso de ejecución del muro le afecta significativamente que se realice bajo algunas condiciones climatológicas adversas, como la lluvia, las heladas y el calor excesivo. Estas condiciones afectan principalmente al fraguado y endurecimiento del mortero fresco de rellenos y de formación de juntas, y por tanto a la solidez final del muro.

Ejercicios de repaso y autoevaluación

1. Los enjarjes o entrantes y salientes que se dejan cuando se interrumpe la ejecución de un muro tienen otra forma de denominarse, ¿cuál es?

    a. Adaraja.
    b. Adarve.
    c. Endeja.
    d. Son correctas las respuestas a y c.
    e. Son correctas las respuestas b y c.
    f. Adusto

2. Los mampuestos son piedras sin labrar que pueden ser manejadas y puestas en obra manualmente por un operario, y en relación a su peso no deben superar _____.

3. Complete las siguientes afirmaciones.

No se debe realizar el regado para el _____ del mortero con chorros de agua a _____, para evitar que _____ el _____ y queden las _____ entre mampuestos _____.

Si se prevé heladas por la _____, los tajos ejecutados en el día, que se encuentren con el mortero _____, se deberán _____ cubriéndolos con _____ o _____.

Durante el proceso de ejecución de un muro, la lluvia produce el _____ de los finos o _____ del mortero de las _____ cuando está en proceso de _____, mermando sus _____.

4. De las siguientes afirmaciones, cuál de ellas NO es una ventaja directa de la utiliza- ción de ripio en el relleno de huecos interiores del muro.

    a. Se reduce el consumo de mortero de relleno en el interior del muro.
    b. Se aprovecha al máximo el material, utilizando casi al completo el suministro de piedra del que se dispone.
    c. Se reducen huecos internos, reduciendo la posibilidad de acumulación de agua en las juntas.
    d. Se consigue ejecutar muros de mayor altura con menor espesor.

5. Indique las dos ventajas fundamentales de realizar el acopio de piedra de forma lineal, a lo largo del lateral del muro a ejecutar.

_____

_____

_____

_____

Capítulo 9

Procesos y condiciones de calidad en muros de mampostería

Contenido

1. Introducción

Al ejecutar un muro de mampostería, existen una serie de parámetros en los que se establecen unas condiciones mínimas de calidad que, controladas eficazmente contribuyen al correcto comportamiento del muro una vez ejecutado.

Algunas de las características y condiciones que, realizadas correctamente durante la ejecución de un muro influyen en la calidad final del elemento son:

- Exactitud del replanteo.
- Trabazón.
- Planeidad.
- Desplome.
- Rejuntado.
- Ejecución de juntas de dilatación.
- Enjarjes en encuentros.
- Limpieza y apariencia final.

2. Replanteo

El primer condicionante que influye directamente en la calidad del muro es la fidelidad y exactitud de su replanteo. Un defectuoso replanteo inicial "arrastra" los errores durante la construcción del muro, y dependiendo del grado de inexactitud y del estado de ejecución del muro, imposibilita su corrección posterior. Es por tanto una operación fundamental en la ejecución de un muro realizar el replanteo correcto de todas sus dimensiones y características.

 Recuerde

En el acto de replanteo se pretende materializar, en la realidad de la obra, los puntos que en proyecto representan de forma gráfica un determinado elemento.

Para garantizar un correcto replanteo se deben realizar una serie de procesos y comprobaciones de calidad del mismo, como:

■ Previamente a la realización del replanteo se debe comprobar la limpieza de la zona donde se realiza, retirando vegetación, malezas, escombro y cualquier otro elemento que pueda interferir el trabajo.

■ Se comprueba la exactitud del levantamiento topográfico de la zona donde se realizará el replanteo, verificando que se adapta a lo reflejado en proyecto, y que el elemento a construir tiene cabida en su ubicación prevista con las medidas definidas en plano.

■ Utilización de útiles de replanteo adecuados a cada caso y en correcto estado, sin deformaciones y defectos que puedan producir incorrecciones en el resultado final.

■ Verificar la exactitud de cualquier punto replanteado, repitiendo la comprobación al menos una vez. En el caso de puntos importantes como ejes y alineaciones principales, la comprobación se debe realizar tantas veces como sea necesario hasta garantizar la inexistencia de errores y su coincidencia con los planos.

■ Realizar marcas exteriores permanentes que permitan comprobar la exactitud de replanteo de cualquier elemento durante su ejecución. Se deben realizar en lugar visible, que no sufra alteraciones durante el proceso de ejecución, y que permita comprobar las dimensiones en cualquier momento.

3. Trabazón

El concepto de **trabazón** se puede utilizar para definir el correcto acoplamiento entre los elementos que forman el muro, impidiendo su separación al ser sometidos a esfuerzos externos.

 **Nota**

El Diccionario de la Real Academia Española, define trabazón como la "conexión de una cosa con otra o dependencia que entre sí tienen. Juntura o enlace de dos o más cosas que se unen entre sí".

Para conseguir una correcta calidad de trabazón, es necesario mantener una serie de criterios como pueden ser:

- Colocar los mampuestos de forma homogénea, combinando los mampuestos de diversos tamaños de los que se disponga, de forma que los de menor tamaño se acoplen con los mayores ocupando al máximo todos los espacios.
- Evitar juntas de espesor superior a tres centímetros. Excesiva distancia entre mampuestos provoca deficiente unión entre los mismos, originando debilidad en las juntas ante los esfuerzos soportados.
- Evitar la continuidad de juntas verticales que pueden provocar fractura a través de la misma una vez sometido el muro a los esfuerzos previstos.
- Colocar los mampuestos de forma que el solape entre ellos sea superior a 10 centímetros.
- Evitar la confluencia de más de tres aristas en un mismo punto.
- Cuidar de la misma forma que los mampuestos traben también en el sentido del espesor del muro, evitando que el muro quede dividido en hojas verticales inconexas.

Muro ejecutado con deficiente trabazón. Se observa excesiva continuidad en sus juntas verticales, debilitando la cohesión entre mampuestos.

4. Planeidad

La **planeidad** de un muro de mampostería es la cualidad de presentar una superficie lisa y plana en su paramento, sin la aparición de defectos visibles y ondulaciones.

Por las características constructivas de los muros de mampostería, resulta evidente que para algunos tipos de aparejos es difícil determinar el grado de planeidad del mismo.

Es el caso, por ejemplo de:

- Mampostería ordinaria sin rejuntado entre mampuestos.
- Mampostería de cantos rodados.

Donde la propia constitución del muro hace que su superficie quede conformada de resaltes, con escaso grado de planeidad.

Distinto es el caso, por ejemplo de:

- Mampostería careada.
- Mampostería concertada.
- Mampostería de sillarejos.

 Importante

En estos tipos de aparejo sí se debe conseguir un paramento liso y con un grado de planeidad correcto.

En general, para este tipo de muros, se debe realizar la comprobación de planeidad mediante la utilización de una regla de acero de tres metros. Colocándola apoyada en diversos puntos del paramento del muro, el espacio resultante entre la regla y la superficie no debe exceder en ningún caso de 2 centímetros.

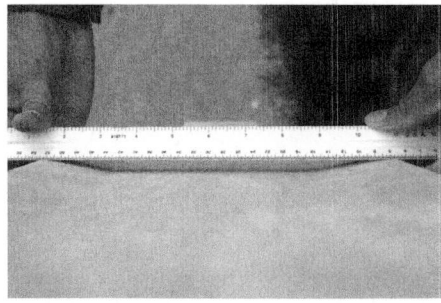

Comprobación de planeidad.

5. Desplome

El **desplome** del paramento de un muro es la falta de verticalidad que este presenta. Se puede definir como la distancia que existe entre la proyección en planta de un punto de la coronación del muro, y el punto perpendicular de la base del muro.

En primer lugar, es necesario distinguir entre el desplome por error y el desplome intencionado.

5.1. Desplome por error

Se produce en el muro debido a diferentes causas, entre las que se puede citar como más comunes:

- Incorrecta ejecución.
- Fallos en el replanteo.
- Movimientos del muro por asentamiento diferencial de su base.
- Desplazamientos o deformaciones por dimensionado incorrecto del muro, resultando insuficiente para responder correctamente a las condiciones previstas.

- Muro sometido a esfuerzos y solicitaciones superiores a los previstos en cálculo.
- Desplomes y deformaciones causadas por el uso normal, por agentes externos, presencia de humedad, etc.

Para evitar desplomes erróneos, se deben adoptar una serie de medidas de calidad que minimicen estos problemas, entre las que cabe citar:

- Ejecución conforme a lo proyectado, siguiendo estrictamente lo estipulado en los planos, pliego de condiciones y resto de documentos que definan las características del muro.
- Exactitud en el replanteo, realizando cuantas comprobaciones sean necesarias para garantizar el correcto trazado del muro y de sus elementos singulares.
- Ejecución de un correcto dimensionado de la cimentación.
- Excavación de la zanja de cimentación con profundidad suficiente para alcanzar la capa firme del terreno.
- Dimensionado suficiente de las dimensiones del muro, aplicando coeficientes de seguridad al realizar los cálculos.
- Suficiente previsión durante el diseño de los esfuerzos a que estará sometido el muro, aplicándole coeficientes de mayoración para prevenir posibles solicitaciones no contempladas en cálculo.
- Diseñar el muro con características que eviten el paso y acumulación de humedad.
- Aplicar tratamientos antihumedad.

5.2. Desplome intencionado

Es el que está previsto en el propio diseño del muro. Generalmente se aplica en muros que actúan de contención de tierras. Estos se ejecutan dotando a su paramento externo de un desplome hacia el interior, de forma que el espesor del muro va decreciendo a medida que aumenta su altura. Esto hace que su centro de gravedad se encuentre más bajo y más cerca de su cara interna, contrarrestando de forma más eficiente los empujes horizontales a los que se ve sometido.

Desplome intencionado en un muro de mampostería destinado a contención de tierras.

El desplome habitual que se le suele dar al paramento exterior de un muro de mampostería que actúa de muro de contención oscila entre el 15 % y el 30 %, dependiendo de los esfuerzos horizontales a los que se prevea que va a estar sometido. Es decir, que para un muro tipo de 3 metros de altura, la diferencia de espesor entre la base y la coronación fluctúa entre 45 y 90 centímetros. Es preciso tener en cuenta también que el espesor de un muro de mampostería, en su punto más estrecho, es decir, en la coronación, no debe ser inferior a 40 centímetros.

**Esquema de valores usuales de desplome del paramento
exterior de un muro de contención tipo**

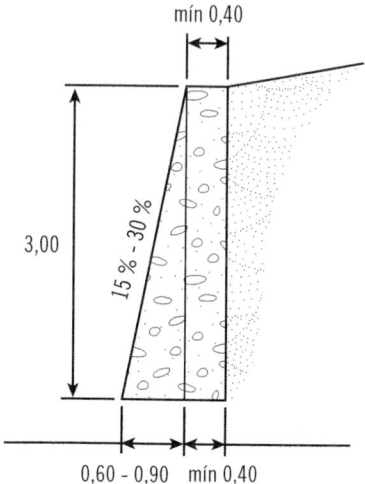

Aplicación práctica

Usted, como operario, debe realizar el replanteo en alzado, determinando el espesor que debe tener un muro en su coronación cumpliendo con los siguientes datos propuestos:

I Altura total: 2,80 metros
I Espesor en el arranque: 1,10 metros
I Desplome paramento exterior: 18 %

SOLUCIÓN

El desplome del 18 % implica que a cada metro de altura, el muro disminuye su espesor en 18 centímetros. Por tanto, a la altura total del muro le corresponde una disminución de espesor de:

2,80 m X 0,18 m = 0,504 metros

El espesor del muro en su coronación debe ser:

1,10 m – 0,504 m = 0,596 metros ⟶ 59,6 cm

Por redondeo, se establece el espesor en coronación del muro en 60 centímetros, cumpliendo de esa forma con los parámetros establecidos en el diseño propuesto.

Recuerde

Para un muro tipo de 3 metros de altura, la diferencia de espesor entre la base y la coronación fluctúa entre 45 y 90 centímetros. El espesor de un muro de mampostería, en su punto más estrecho, es decir, en la coronación, no debe ser inferior a 40 centímetros.

6. Rejuntado

Una vez colocados los mampuestos, y antes de que el mortero de agarre termine su proceso de fraguado, se debe proceder al rejuntado de las llagas de los mismos, rellenando los huecos existentes con mortero.

Esta operación no se realiza cuando se trata de mampostería con uniones en seco o enripiada.

El proceso de rejuntado consiste en el repaso del mortero que fluye por las juntas una vez asentados los mampuestos, alisándolo con la paleta, eliminando los restos sobrantes, y rellenando los huecos en los casos en que el propio mortero de colocación no emane lo suficiente para enrasar la junta.

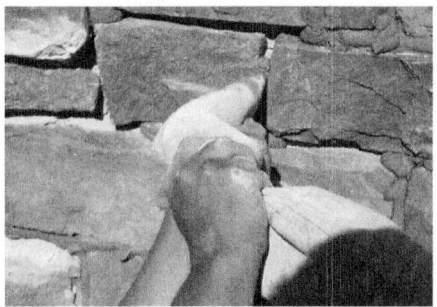

Rejuntado

6.1. Tipos de juntas para mampostería

En muros de mampostería, los tipos de junta que se pueden realizar habitualmente son:

JUNTA EN SECO	Los mampuestos del paramento exterior se colocan unidos a tope entre sí o a hueso, sin mortero.
JUNTA ENRASADA	La cara de terminación del mortero de relleno de la junta se encuentra en el mismo plano que el paramento exterior.

Continúa en página siguiente >>

<< Viene de página anterior

JUNTA REHUNDIDA	La terminación del mortero de la junta se deja por detrás del paramento de terminación del muro. Generalmente 2 o 3 cm.
JUNTA RESALTADA	El mortero de la junta sobresale del plano de terminación del paramento exterior del muro. Habitualmente 1 o 2 cm.

 Definición

Juntas
Mortero que ocupa los espacios entre los mampuestos, uniéndolos, a fin de conferir a la fábrica la necesaria adherencia.

La **junta enrasada** se comporta mejor ante problemas de humedad proveniente del exterior, ya que permite que el agua discurra fácilmente por el paramento sin encontrar relieves que la obstaculicen.

 Importante

Desde el punto de vista de la calidad final del muro, sin tener en cuenta el aspecto estético, el tipo de junta que ofrece mejores resultados es la junta enrasada.

En cambio, otros tipos de juntas presentan mayores inconvenientes respecto a problemas de humedad en el muro:

- **Junta en seco.** Este tipo de junta, abierta entre mampuestos, permite un acceso excesivamente fácil del agua al interior del muro, con el consiguiente aumento de problemas derivados de la humedad, heladicidad, etc.

- **Junta rehundida.** El agua se deposita en la repisa que se forma en cada una de las juntas horizontales, provocando a la larga problemas de humedades y deterioros por heladicidad.
- **Junta resaltada.** El mortero de la junta supone un impedimento al libre discurrir del agua de lluvia por el paramento. El agua se deposita en el borde ocasionando problemas de humedad. Además, al fluir el agua por el paramento, poco a poco va erosionando el resalte de la junta, deteriorando el aspecto estético inicial del muro.

7. Juntas de dilatación

Una junta de **dilatación** es la junta que se sitúa entre elementos constructivos distintos o entre dos partes de un mismo elemento, a fin de posibilitar entre ellos, sin que se afecten mutuamente, los desplazamientos de dilatación o contracción que le ocasionan los cambios de temperatura.

Cuando el muro es de cerramiento, y se encuentra ejecutado junto a otro tipo de estructura, como por ejemplo de hormigón, se deben realizar juntas de dilatación, como mínimo coincidiendo con las juntas estructurales.

Para evitar que la junta de dilatación se convierta en una clara entrada de humedad, es recomendable rellenar la misma con material sellante con capacidad de absorber los movimientos del muro, que ofrezca al menos una serie de cualidades como:

- Impermeabilidad.
- Resistencia a los agentes atmosféricos.
- Alto grado de elasticidad.
- Capacidad de adherencia.

 Consejo

Se recomienda realizar juntas de dilatación al menos con una distancia entre ellas inferior a veinte metros.

Junta entre dos muros ejecutada sin relleno sellante.

Junta de dilatación ejecutada con relleno de material elástico que absorbe los movimientos de dilatación.

8. Enjarjes en encuentros

Cuando por alguna razón se hace necesaria la interrupción en la ejecución de un muro, es necesario dejar previstos los correspondientes enjarjes, o entrantes y salientes que posibiliten una correcta trabazón con los nuevos elementos al continuar con la construcción del muro.

 Recuerde

Se denomina enjarje a los entrantes y salientes que se dejan cuando se interrumpe la ejecución de un muro, para conseguir una correcta trabazón con los nuevos elementos al proseguirlo posteriormente.

También se considera enjarje a los entrantes y salientes que se dejan en el muro para realizar la trabazón en los encuentros, bien sea con otro muro de las mismas características o con otro tipo de elemento constructivo.

Para conseguir que la ejecución de un enjarje sea correcta, es necesario tener en cuenta que:

- Los mampuestos que forman la línea de encuentro deben salir alternativamente creando una línea de "diente de sierra", de forma que una vez ejecutado posteriormente el encuentro o la continuidad del muro no se cree una junta vertical continua que provoque un plano de debilitamiento y de posible fractura ante los esfuerzos a que se vea solicitado el muro.
- Ejecutar también el enjarje en el sentido del espesor del muro, asegurando de esta forma la correcta trabazón en todo el ancho del muro. Así se evita la formación de capas independientes en el interior del muro que pudiesen provocar desprendimientos.
- Antes de continuar con el encuentro, se debe realizar una limpieza de la zona de unión existente, eliminando restos de morteros no adheridos, y realizando un cepillado de toda la junta, que garantice la calidad del empalme.
- En la continuación de los trabajos a partir de la unión o enjarje, se debe incrementar el cuidado en la elección de los mampuestos que se van a ubicar en cada punto, escogiendo los que, por forma y tamaño, se adapten de forma correcta a los entrantes y salientes existentes.
- Antes de la colocación de los mampuestos del siguiente tramo, humedecer la superficie del enjarje para mejorar la calidad del agarre en la unión.

Preparación de enjarje en muro para su posterior continuidad.

9. Limpieza y apariencia

El resultado visible final del muro radica principalmente en su apariencia y limpieza superficial.

Al finalizar la ejecución del muro, se debe conseguir que la superficie se encuentre limpia, libre de polvo, sin restos de morteros, alteraciones y cualquier elemento ajeno al resultado final del paramento. Se procederá a un cepillado de toda la superficie del muro, eliminando restos de materiales adheridos a la piedra. Si la suciedad que presenta el paramento es excesiva y no se neutraliza con el cepillado normal, se puede recurrir a otros tratamientos como:

- Cepillado aplicando una solución de agua, jabón y algún tipo de disolvente siempre que se garantice por el fabricante que no daña la piedra o modifica sus características.
- Limpieza mediante agua a presión.
- Limpieza mediante chorro de arena.

Una vez realizada la limpieza del paramento, existe la posibilidad de incorporar algún tratamiento superficial incoloro, que cierre los poros, protegiendo al muro de ataques de agentes atmosféricos y de la humedad.

 Nota

En el mercado, actualmente existe variedad de productos específicos para esta finalidad, debiendo seguir en todo momento las instrucciones y recomendaciones del fabricante.

Todos estos tratamientos de limpieza y de protección, no solo son aplicables una vez terminada la ejecución del muro, sino que se pueden realizar en cualquier momento de la vida útil del mismo. Con el transcurso del tiempo, el uso, la humedad y los agentes atmosféricos provocarán deterioro y suciedad en el paramento del muro, que hará necesario, periódicamente, tratamientos de limpieza y conservación para mantener su calidad inicial.

Imagen de muro de mampostería con excesiva suciedad. Presenta manchas de humedad, eflorescencias y capas de suciedad adherida, que precisan de un cepillado y tratamiento de limpieza superficial.

 Aplicación práctica

¿Cuáles serían los pasos básicos a seguir en la formación de un enjarje preparado para la posterior continuación del muro de mampostería en hiladas irregulares, con la misma alineación existente?

SOLUCIÓN

1. Colocación de reglas verticales, a ambas caras del muro, de forma que permitan medir el entrante y saliente de los mampuestos respecto a la vertical de la junta.
2. Ejecución del muro, colocando los mampuestos de la primera hilada hasta llegar a las reglas de referencia.
3. Ejecutar la siguiente hilada de forma que el último mampuesto se quede separado de la regla al menos 15 o 20 cm, de forma que cree un entrante respecto al de la hilada anterior.
4. Realizar la siguiente hilada, terminando el último mampuesto en la regla, creando un saliente respecto al anterior, y así sucesivamente.
5. Si el muro tiene un espesor tal que en planta es necesario dos o más mampuestos, colocarlos de forma que entre estos también formen entrantes y salientes en el plano horizontal.

Continúa en página siguiente >>

<< Viene de página anterior

6. Cuando se proceda a la continuación del muro, retirar las reglas de referencia, limpiar la superficie del enjarje realizando un cepillado del mismo, eliminando polvo, morteros desprendidos y cualquier tipo de suciedad.
7. Regar la superficie de unión, humedeciendo los mampuestos del enjarje.
8. Continuar la ejecución del muro acoplando y trabando correctamente los nuevos mampuestos.

10. Resumen

Durante el proceso de construcción de un muro de mampostería, es necesario cuidar una serie de parámetros a fin de obtener un resultado final acorde con la calidad y características previstas. Dichos procesos y condiciones son, entre otros:

- **Exactitud del replanteo.** Se debe verificar y comprobar la precisión del replanteo tantas veces como sea necesario, utilizando los útiles y herramientas adecuados.
- **Trabazón.** Se trata de conseguir el correcto acoplamiento entre los mampuestos, impidiendo su separación cuando el muro es sometido a las solicitaciones externas
- **Planeidad.** Es la cualidad de presentar una superficie lisa y plana en el paramento del muro, sin ondulaciones o resaltes excesivos.
- **Desplome.** Es el grado de inclinación que presenta el paramento del muro con respecto a la vertical.
- **Rejuntado.** Consiste en el repaso del mortero una vez asentados los mampuestos, alisándolo, eliminando los restos sobrantes, y rellenando los huecos.
- **Ejecución de juntas de dilatación.** Son juntas que separan el muro en dos partes independientes, a fin de posibilitar los desplazamientos de dilatación o contracción que se originen.
- **Enjarjes en encuentros.** Son los entrantes y salientes que se dejan en el lateral del muro para garantizar una correcta trabazón con otros elementos o con el propio muro cuando se hace necesaria una interrupción en su ejecución.

■ **Limpieza y apariencia final.** Cepillado o limpieza mecánica que se ejecuta a la finalización del muro a fin de que el paramento se encuentre limpio, libre de polvo, restos de morteros, alteraciones y cualquier elemento ajeno.

Ejercicios de repaso y autoevaluación

1. Indique de las siguientes afirmaciones, cuál de ellas no es determinante específicamente para mejorar la calidad de trabazón entre los mampuestos de un muro.

    a. Evitar juntas de espesor superior a 3 centímetros.
    b. Evitar la confluencia de más de tres aristas en un mismo punto.
    c. Colocar los mampuestos de forma que el solape entre ellos sea superior a 10 centímetros.
    d. Evitar el uso de juntas resaltadas.
    e. Evitar la continuidad de juntas verticales.

2. ¿En cuál de los siguientes tipos de muro, por sus características, se puede conseguir más fácilmente un mayor grado de planeidad en su paramento?

    a. Muro de mampostería de cantos rodados con juntas rehundidas.
    b. Muro de mampostería de sillarejos con juntas enrasadas.
    c. Muro de mampostería ordinaria colocada en seco.

3. Complete las siguientes afirmaciones:

El desplome del _____ de un muro se define como la _____ que existe entre la _____ en planta de un punto de la _____ del muro, y el punto _____ de la _____ del muro.

El desplome intencionado es el que está _____ en el propio _____ del muro.

El desplome habitual que se le suele dar al _____ exterior de un muro de _____ que actúa de muro de _____ oscila entre el _____ y el _____, dependiendo de los _____ _____ a los que se prevea que va a estar sometido.

4. **Relacione los distintos tipos de juntas de un muro de mampostería con su correspondiente definición.**

    a. El mortero de la junta sobresale del plano de terminación del paramento exterior del muro.

    b. La terminación del mortero de la junta se deja por detrás del paramento de terminación del muro.

    c. La cara de terminación del mortero de relleno de la junta se encuentra en el mismo plano que el paramento exterior.

    d. Los mampuestos del paramento exterior se colocan unidos a tope entre sí o a hueso, sin mortero.

    ___ Junta enrasada.
    ___ Junta resaltada.
    ___ Junta rehundida.
    ___ Junta en seco.

5. **Indique al menos tres características que ha de cumplir el material de relleno de una junta de dilatación.**

_____
_____
_____
_____

Ejecución de fábricas de mampostería

Contenido

Capítulo 1

Construcción de fábricas vistas

Contenido

1. Introducción

El proceso de construcción de fábricas vistas de mampostería varía fundamentalmente por las características de los mampuestos y por el tipo de aparejo utilizado.

Dependiendo del tipo de muro del que se trate, serán sensiblemente diferentes los procesos de:

- Selección y elección de la piedra.
- Manipulación y adaptación de los mampuestos a las características exigidas.
- Colocación de los mampuestos.
- Existencia o no de mortero de agarre, determinación de sus características y su puesta en obra.
- Rejuntado de las llagas.
- Establecimiento de límites de tolerancias dimensionales y de replanteo.
- Desplome admitido.
- Ejecución de enjarjes.
- Limpieza y condiciones de acabado final.

En el presente capítulo se pretende desarrollar algunos de estos procesos, referidos a los tipos de muros de mampostería más usuales, así como las características más importantes que le afectan a cada uno de ellos y a los materiales que los componen.

Se indican también las prescripciones relativas a seguridad durante la construcción de la fábrica, indicando los medios de protección y medidas de seguridad necesarias durante estos trabajos para reducir o anular los riesgos inherentes a los mismos.

2. Fábricas vistas de mampostería

Como ya se ha indicado en temas anteriores, los tipos de muros de mampostería más usuales, atendiendo al tipo de elementos utilizados y su aparejo, son:

Mampostería ordinaria
Mampostería concertada
Mampostería de hiladas irregulares
Mampostería de sillarejos
Mampostería enripiada
Mampostería con verdugada
Mampostería de canto rodado
Mampostería careada

Como norma general, para la ejecución de un muro de mampostería se sigue una serie de pasos que se pueden resumir inicialmente en:

- Se vierte una capa de mortero, y sobre la misma se asientan los mampuestos, cuidando que queden acoplados con el resto de la mampostería en todas las direcciones.
- Una vez colocado, se le golpea levemente para que asiente, hasta que el mortero rebose por la junta.
- Se debe cuidar que los mampuestos queden correctamente trabados en todo el espesor del muro, para evitar que se formen capas verticales inconexas.
- Los mampuestos de la cara o caras vistas deben cumplir una serie de condiciones de forma y de tamaño según el aparejo y el diseño previsto. En cambio, en el interior del muro es posible utilizar piedras de mayor tamaño, que se calzarán con piedras más pequeñas o ripios, de forma que se alcance la suficiente solidez y trabazón del muro.
- A excepción de mampostería de hiladas irregulares, en el resto de casos se deben mezclar de forma alterna distintos tamaños y formas de los mampuestos, dentro de los límites de las características especificadas en el diseño. Esta precaución evita que se formen juntas excesivamente alineadas, mejorando así la trabazón y solidez del muro.
- Una vez ejecutado un tramo de muro, y antes de que endurezca el mortero de las juntas, se debe realizar el rejuntado de las mismas, eliminando el mortero sobrante, y alisando el relleno de la junta con el extremo

de la paleta, hasta conseguir la terminación de llaga propuesta (enrasada, rehundida o resaltada).

■ Mientras dure el proceso de fraguado del mortero, se debe mantener húmedos los mampuestos para evitar que provoquen una rápida absorción del agua de amasado del mortero.

Importante

Si la ejecución se realiza en condiciones adversas como lluvia, heladas o elevadas temperaturas, o si se prevé que se vayan a producir durante las 48 horas posteriores a la puesta en obra, se deberán adoptar precauciones, protegiendo los tajos recién ejecutados.

3. Mampostería ordinaria

Un muro de mampostería es aquel que está realizado con mampuestos procedentes de cantera, sin labrar ni manipular para su adaptación, colocados con aparejo irregular.

Muro de mampostería ordinaria con juntas rellenas de mortero.

 **Definición**

Aparejo irregular
Es aquel en que la disposición de los elementos que forman el muro no sigue una norma fija, sin formar hiladas de altura constantes, adaptándose las piezas entre sí de manera variable a lo largo del muro.

Independientemente del tipo de mampostería ejecutada, otro aspecto importante es la ejecución del rejuntado entre mampuestos.

Como ya se indicó en temas anteriores, existen varios tipos de terminación de juntas, como son:

- **Enrasada.** Terminación de la junta alineada con la cara exterior de los mampuestos del paramento visto.
- **Rehundida.** Retranqueada unos centímetros respecto a la superficie del paramento exterior.
- **Resaltada.** Juntas que sobresalen del plano de terminación del paramento exterior de la mampostería.
- **En seco.** Sin rellenar de mortero las juntas entre los mampuestos de la cara exterior del muro.

Muro de mampostería con juntas resaltadas. En este caso ejecutadas sobre un tipo de mampostería concertada.

Definición

Retranquear
Remeter el paramento de fachada respecto a la alineación original.

4. Mampostería concertada

El muro de mampostería concertada se realiza buscando la combinación ajustada de los mampuestos entre sí, seleccionando entre los disponibles el que mejor se adapta en cada punto, de manera que quedan todos acoplados con el máximo acuerdo posible entre sus caras.

En este caso, los mampuestos necesitan un proceso de labra tosca, para regularizar levemente su forma, de manera que entre ellos formen acoplamiento entre superficies más o menos planas. Habitualmente en este tipo de mampostería, al conseguir un buen acoplamiento entre las piezas, las llagas se ejecutan rellenas con mortero, presentando estas un espesor relativamente constante. No obstante, en algunos casos también se puede ejecutar un aparejo de mampostería concertada con juntas en seco y acuñado con ripio pequeño en las uniones que presenten huecos de mayor tamaño, como en el caso de la siguiente imagen.

Muro de mampostería concertada con juntas en seco. Se han usado pequeños trozos de piedra o ripios para calzar las piedras en las intersecciones que presentan huecos de mayor tamaño.

La construcción de este tipo de fábrica vista ofrece una serie de condiciones y particularidades como:

- Necesitan mayor cantidad de mano de obra, ya que prácticamente todos los mampuestos precisan de un labrado tosco en obra para otorgarle cierta planeidad a sus caras y adaptar el tamaño y la forma a la ubicación que se le va a dar.
- El proceso de selección de cada mampuesto conlleva más tiempo y **mayor experiencia del operario,** eligiendo la piedra que mejor se adapte en cada caso con la mínima adaptación posible.
- La construcción de este tipo de muro se hace más lenta que en otros tipos de aparejo, ya que la colocación y adaptación de los mampuestos requiere más planificación y meticulosidad.

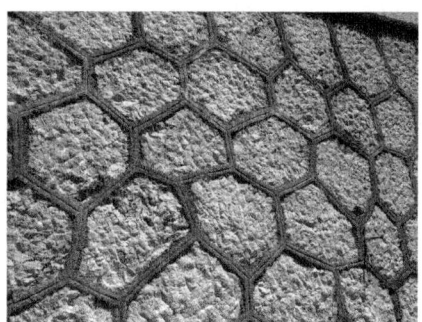

Mampostería concertada en formación de celdas y juntas resaltadas.

La variedad de acabados que se le puede proporcionar a un muro de mampostería vista es muy extensa. En la imagen anterior se puede observar cómo se ha ejecutado para este muro un aparejo de mampostería concertada, adaptando los mampuestos en forma poligonal hexagonal, formando celdas, y la cara vista ha recibido un proceso de labrado tosco. Las juntas se han realizado resaltadas, a las que se la ha aplicado, antes de su endurecimiento, una acanaladura en su eje.

5. Mampostería de hiladas irregulares

Se forma el muro utilizando mampuestos irregulares, si bien en este caso, se colocan procurando mantener hiladas más o menos ordenadas.

Se realiza escogiendo los mampuestos de forma que alguna de sus dimensiones permita colocarlos en forma de hilada de espesor más o menos constante.

Se denomina de **hiladas irregulares** principalmente por dos razones:

1. No todas las hiladas tienen que tener necesariamente el mismo espesor.
2. Los mampuestos de una misma hilada no tienen que tener una dimensión horizontal constante, ni en anchura ni en fondo, combinándose en la misma hilada piezas de mayor tamaño con piedras más pequeñas.

Para la construcción de este tipo de mampostería, previamente se deben colocar verticalmente en ambos extremos de la fábrica sendas reglas alineadas con el replanteo del paramento exterior.

Entre ambas reglas se tenderá un hilo o cuerda de replanteo, de forma horizontal, que marque el nivel de la primera hilada. Una vez ejecutada la primera hilada, se coloca el primer mampuesto de uno de los extremos, y se sube la cuerda hasta la cara superior. En la otra regla se eleva la cuerda una distancia igual a la que se ha hecho en la primera, verificando mediante el nivel de burbuja que está alineada horizontalmente.

La cuerda sirve de referencia para elegir los mampuestos a utilizar en esta hilada, cuidando que su tamaño se adapte a la altura fijada, con los márgenes de tolerancia previstos. Se continúa así sucesivamente hasta completar la altura del muro.

6. Mampostería de sillarejo

Es el muro ejecutado con sillarejos, es decir con mampuestos en los cuales sus caras se encuentran toscamente labradas, formando piezas con forma semejante a un paralelepípedo o prisma rudimentario, sin aristas muy defini-das, ni un cuidado grado de planeidad de sus caras.

 Definición

Paralelepípedo
Cuerpo sólido limitado por seis paralelogramos cuyas caras opuestas son iguales y paralelas.

El sillarejo se puede considerar como un paso a mitad de camino entre el mampuesto ordinario y el sillar.

Muro de mampostería ejecutado con sillarejos y juntas en seco.

 Recuerde

Se conoce como sillar a cada una de las piezas que forman un muro de piedra, y que se labran en todas sus caras, de forma prismática, con aristas rectas y caras planas, para conseguir un aparejo regular en la ejecución del muro.

Aplicación práctica

Determine de forma breve, el proceso de construcción del paramento visto de un muro de mampostería concertada con juntas rellenas de mortero enrasadas.

SOLUCIÓN

1. Elección del mampuesto que mejor se adapte a la ubicación que se va a colocar en ese momento.
2. Ajuste manual de la forma del mampuesto para conseguir la adaptación y acoplamiento con los mampuestos contiguos, garantizando la correcta trabazón. Evitar juntas verticales continuas.
3. Labrado manual de las caras del mampuesto hasta conseguir un acabado sensiblemente plano.
4. Colocar capa de mortero sobre los mampuestos colocados para recibir el siguiente.
5. Golpear levemente para que asiente correctamente en su ubicación, hasta que el mortero rebose por la junta.
6. Antes de que comience el endurecimiento del mortero de las juntas, realizar el rejuntado de las mismas, eliminando el mortero sobrante, y alisando el relleno de la junta con el extremo de la paleta, hasta conseguir el enrase con las aristas de los mampuestos.
7. Realizar el fratasado del mortero de las juntas para conseguir una terminación homogénea.
8. Limpiar con esponja húmeda los restos de mortero adheridos a la piedra antes de que endurezcan.

7. Otros tipos de mampostería

A continuación se van a describir cuáles son estos muros y en qué consiste cada uno.

7.1. Mampostería enripiada

Es un tipo de muro en el que los huecos entre los mampuestos se rellenan con trozos más pequeños de piedra, que los estabilizan y calzan entre sí.

El uso de ripios entre los mampuestos del paramento exterior es más frecuente en muros de mampostería con juntas en seco, aunque también es posible su utilización cuando las juntas entre mampuestos están rellenas de mortero.

El uso de ripios también es habitual como relleno de los huecos interiores del muro, independientemente del tipo de mampostería que se esté ejecutando.

Muro de mampostería enripiada.

 **Importante**

Con el uso de ripios como relleno del interior del muro se ahorra mortero, se acoplan mejor los mampuestos, y se aprovecha el material sobrante de la adaptación de mampuestos.

7.2. Mampostería con verdugada

Es un tipo de muro de mampostería en el que, cada cierta altura se intercala una línea horizontal de ladrillo macizo, habitualmente formada por dos hiladas, que sirve para regularizar horizontalmente y repartir de forma homogénea las cargas de cada tramo.

Para la construcción de este tipo de muro, se ejecuta la mampostería de forma normal según el aparejo elegido, hasta que se alcanza el nivel donde se encuentre replanteada la hilada de verdugada. En esa altura se procede a regularizar los huecos que queden entre mampuestos con piedras más pequeñas hasta conseguir una terminación sensiblemente horizontal.

Sobre este nivel se vierte una capa de mortero de regularización que servirá para preparar la base horizontal sobre la que se colocan las hiladas de ladrillo, con las hiladas previstas, de forma similar a la construcción de cualquier fábrica con esas características. Una vez construida la verdugada se continúa ejecutando el muro de mampostería como si de un nuevo arranque se tratara hasta el nivel replanteado para la siguiente verdugada.

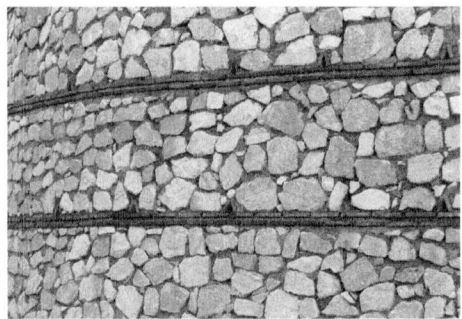

Muro de mampostería ordinaria con verdugadas horizontales de ladrillo macizo.

7.3. Mampostería de canto rodado

Se trata de muros formados por mampuestos procedentes de río. Son de forma redondeada, sin aristas vivas.

Por la forma redondeada de los mampuestos, el acoplamiento entre ellos no es muy ajustado, quedando excesivos huecos que han de ser rellenados por el mortero.

 **Nota**

Este tipo de mampostería supone generalmente un aumento de relleno de mortero con respecto a otros tipos de muros.

En los muros de canto rodado no se le aplica ningún tipo de labra ni manipulación a la piedra, colocándose según se suministra. No presentan cara plana en el paramento exterior, por lo que la cara vista ofrece un aspecto de mucho relieve con escaso grado de planeidad.

Muro de mampostería de cantos rodados o de bolos.

Las juntas de este tipo de muros se realizan rehundidas, debido a que los mampuestos de estas características no presentan aristas con las que se pueda enrasar el mortero de relleno de la junta.

De la misma forma, las juntas del paramento han de realizarse de mayor espesor al habitual, reduciendo el grado de trabazón entre mampuestos, y por tanto, la resistencia y solidez del muro.

El muro de mampostería de cantos rodados no es una elección adecuada como muro estructural, por varias de las razones expuestas:

- La forma tipo bolos de los mampuestos utilizados, sin aristas ni ángulos pronunciados, les proporciona escasa trabazón entre ellos.
- La escasa adaptabilidad entre los mampuestos origina juntas de espesor excesivo, mermando la cohesión general del muro ante los posibles esfuerzos a que pueda estar sometido.
- Por la misma forma de los mampuestos, y el grosor de las juntas, se crea un exceso de continuidad vertical en las llagas, haciendo difícil un solape correcto entre los mampuestos de las distintas capas. Esta verticalidad y falta de conexión de los tramos del muro hace que las juntas se conviertan en puntos débiles de rotura ante posibles asientos diferenciales o ante cargas puntuales a las que se vea sometido el muro.
- Por las mismas razones, la trabazón de los mampuestos en el sentido del espesor del muro no ofrece suficiente cohesión. Si esto sucede, se pueden llegar a crear capas inconexas de forma paralela al paramento, que en caso de ser sometido a esfuerzos considerables puede provocar roturas y desprendimientos.
- Por la forma de los mampuestos, sin aristas vivas a las que enrasar el mortero de las juntas, estas se realizan en este caso normalmente rehundidas. Esto crea una gran profusión de resaltes, entrantes y salientes, en los cuales se deposita fácilmente el agua de lluvia, que accede por los poros con más facilidad al interior del muro, provocando problemas de humedad, eflorescencias, aparición de manchas de moho superficial y roturas por heladicidad.
- Por la misma razón, el paramento de este tipo de muro presenta mucha facilidad para que se deposite en su superficie suciedad y otros agentes agresivos para la piedra, que junto a la humedad, van degradando paulatinamente el aspecto y la solidez del muro.

En definitiva, estos aspectos convierten a este tipo de muro en una opción más adecuada para utilizarlo en muretes de zonas ajardinadas y usos donde no se le vaya a someter a elevados esfuerzos.

7.4. Mampostería careada

Este tipo de muro de mampostería se realiza con piedras labradas únicamente en su cara externa, de forma plana y labrado tosco. Las juntas se realizan sin ripios, rellenas de mortero enrasado con el plano exterior que forman las caras labradas de los mampuestos.

La cara exterior vista del muro forma un paramento liso y sin resaltes, presentando un alto grado de planeidad.

Este tipo de muro no presenta obstáculos significativos al libre fluir del agua de lluvia por su superficie, y por tanto, si se construye con un tipo de piedra lo suficientemente compacta, se comporta con un buen grado de impermeabilidad frente al acceso de agua desde el exterior.

Muro de mampostería careada.

7.5. Aplicación práctica

A fin de incidir en la gran cantidad de variedad de tipos de mampostería que se pueden ejecutar, en la presente aplicación práctica se presentan varios muros que aun siendo diferentes en su construcción, presentan similitudes claras entre ellos. Se pretende realizar una breve descripción de las diferencias de ejecución de los mismos.

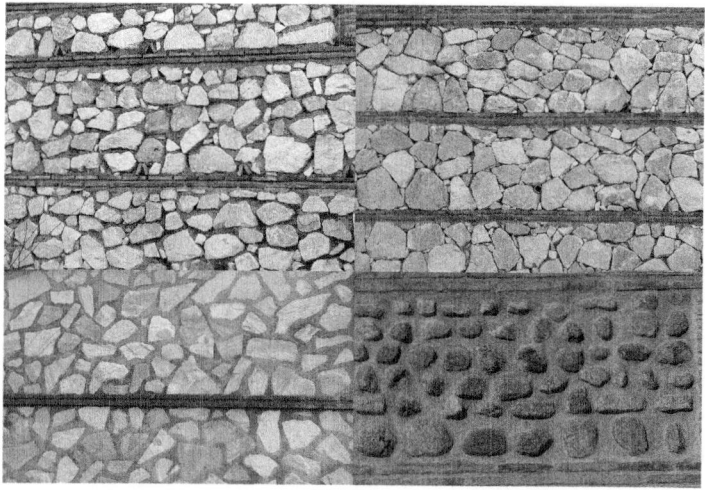

Solución

Todos presentan un tipo de ejecución común, como es formación de **verdugadas horizontales de hiladas de ladrillo macizo.** En cambio, siendo en este sentido de ejecución similar entre ellos, en la construcción de los paños de mampostería presentan claras diferencias:

1. Se trata de un aparejo de mampostería ordinaria, con los mampuestos sin labrar y gran heterogeneidad tanto en sus tamaños como en la forma y tonalidad de la piedra. El espacio entre mampuestos se ha construido relleno de mortero aunque sin rejuntar.

2. Aparejo de mampostería con juntas en seco, mampuestos con un leve trabajo de labrado tosco adaptando sus formas hasta formar un aparejo similar a mampostería concertada, aunque sin relleno de juntas con mortero. Los espacios entre mampuestos, donde las juntas lo permiten, se han rellenado con un enripiado aprovechando los trozos pequeños de la misma piedra.

3. Aparejo de mampostería careada, en la que los mampuestos han recibido el labrado de una de sus caras para conseguir un paramento totalmente plano. Las juntas se han construido rellenas de mortero y el rejuntado enrasado con las caras de los mampuestos, obteniendo un paramento con un alto grado de planeidad.

4. Muro construido con aparejo de mampostería de cantos rodados o bolos de río, sin labrar. Por sus características presenta juntas de gran espesor que se han ejecutado rellenas de mortero en su totalidad, con terminación rehundida respecto al paramento final.

8. Condiciones de otros elementos integrantes del muro de mampostería

Además de la piedra, el otro elemento principal que forma parte de un muro de mampostería es el **mortero,** tanto para el relleno interior de los huecos entre mampuestos, como para el rejuntado del paramento visto, en caso de que el muro se realice con juntas rellenas.

El mortero consiste fundamentalmente en una masa formada por conglomerante, arena y agua, y ocasionalmente con el añadido de algún aditivo que modifique a voluntad sus condiciones básicas. Esta mezcla de materiales genera una pasta más o menos fluida, que fragua y endurece debido a las transformaciones físicas y químicas que en el seno de la misma se producen.

El mortero de relleno y de rejuntado en los muros de mampostería, dependiendo del conglomerante utilizado puede ser:

- De cemento.
- Mixto, de cemento y cal.

Las características técnicas, clasificación y su resistencia serán acorde con las especificaciones de proyecto. El suministro, acopio, y condiciones de los materiales integrantes del mortero, así como su elaboración y puesta en obra cumplirán en todo momento las prescripciones contenidas en el Código Técnico de la Edificación y demás normativa en vigor que le sea de aplicación.

Se debe verificar, con los ensayos necesarios, que el mortero tiene una resistencia según lo especificado en el pliego de condiciones. Su consistencia ha de ser tal que el asentamiento medido en el ensayo del **cono de Abrams** se encuentre entre 15 y 19 centímetros.

Cono de Abrams

Varillas

10 cm

3º capa

2º capa

h: 30 cm

1º capa

20 cm

Regla horizontal

Regla graduada

Asentamiento

Molde metálico
Tronco cónico

Mezcla de hormigón

Nota

El cono de Abrams es un molde de metal con forma de cono truncado. Presenta un diámetro en su base de 20 cm (8 pulgadas) y en su parte superior de 10 cm (4 pulgadas), con una altura de 30 cm (12 pulgadas).

Se utiliza para realizar ensayos de consistencia de hormigón fresco.

8.1. Cemento y cal

El cemento debe cumplir con los requerimientos de características físicas, químicas y de composición establecidas en normativa y en el pliego de condiciones.

Los cementos y cales suministrados de características distintas se deben almacenar agrupándolos por tipo, claramente separados unos de otros y apartados de otros materiales que puedan modificar sus propiedades.

Se deben acopiar en sitios limpios y secos, de forma que se encuentren resguardados de agentes externos que afecten a sus cualidades, como el exceso de calor, humedad, hielo o lluvia.

El suministro puede realizarse envasado en sacos o a granel cuando las cantidades a utilizar son mayores.

 Importante

En cualquier caso, siempre han de venir correctamente identificados y etiquetados, con todas las indicaciones del tipo, características, recomendaciones de uso y garantía de fabricación. Deben ser suministrados con los correspondientes albaranes y homologaciones, haciendo referencia a los certificados oficialmente reconocidos de calidad que avalen el producto.

Cuando se tenga constancia de que han sufrido un periodo prolongado de almacenamiento o exposición a temperaturas excesivas, se debe extraer una muestra a la que se le realizará ensayo de fraguado y ensayo de resistencia a los 3 y 7 días.

 Recuerde

El fraguado es el proceso de carácter físico y químico por el que solidifica un conglomerante como el cemento, la cal o el yeso.

8.2. Árido

En el pliego de condiciones y en la memoria debe venir especificada la granulometría exigida para la arena empleada en la confección del mortero, así como los límites de tamaño máximo de grano, contenido de materia orgánica y porcentaje de finos admitidos.

Acopio de arena para elaboración de mortero.

Se debe comprobar que la arena no tenga presencia de materias orgánicas que puedan provocar perturbaciones en las cualidades finales del mortero elaborado.

Para la confección de morteros en muros de mampostería es aconsejable la utilización de arenas de río, ya que cuentan con un grano más redondeado, por lo que se consiguen morteros más trabajables y con mayor capacidad de rellenar los huecos entre mampuestos. En cambio, con la utilización de áridos de machaqueo se obtienen morteros menos manejables aunque ofrecen una mayor resistencia mecánica final.

En este tipo de morteros, se debe utilizar arenas que cumplan la condición de que la totalidad de sus granos pasen por un tamiz cuya dimensión de malla **no sea mayor a 1/3 del espesor** medio previsto para las juntas, y en cualquier caso **nunca mayor a 5 mm.**

Nota

Antes de su utilización, se debe comprobar que las características indicadas en el albarán de suministro se correspondan con el tipo de árido pedido.

Cuando en obra exista acopio de diferentes tipos de árido, bien sean arenas o gravas, se debe realizar su almacenamiento de forma aislada, clasificados por tipos y granulometría, de forma que no se puedan mezclar entre ellos. Se debe evitar también la contaminación del árido con otros materiales o con el propio terreno.

El árido debe estar protegido contra la humedad.

 Consejo

En caso de fuerte viento, se recomienda que se cubra para evitar que arrastre el grano fino modificando la granulometría inicial.

8.3. Agua

Para el amasado, por norma general se puede utilizar cualquier agua potable, si bien es recomendable realizar un análisis que determine si la acidez y el contenido de otros componentes, cloruros, sulfatos, etc., cumple con los límites establecidos en las normas UNE.

8.4. Aditivos

Si se admite la adición de algún tipo de aditivo a la masa del mortero, se debe comprobar la correcta designación y etiquetado, verificando que cumple concretamente con la función deseada.

En el proceso de elaboración se debe seguir en todo momento las instrucciones del etiquetado donde se indique la cantidad, condiciones de adición y normas de utilización establecidas por el fabricante para conseguir el cometido previsto.

8.5. Morteros secos predosificados

Son morteros que se suministran con sus componentes previamente mezclados en fábrica, con la dosificación adecuada a cada caso, y que en obra se amasan con la cantidad de agua y condiciones especificadas por el fabricante para conseguir la mezcla con las características demandadas. El suministro de la base premezclada puede contener también los aditivos que se necesiten para una finalidad concreta.

Estas mezclas preparadas en seco se pueden presentar envasadas o a granel. En su etiquetado o albarán de suministro se debe mostrar al menos, entre otros, los datos del fabricante, la dosificación y componentes que presenta, la cantidad de agua que se necesita añadir y tiempos de amasado necesarios para conseguir las cualidades y resistencia del mortero ofrecido.

Presentación de mezcla envasada.

8.6. Morteros industriales preparados

En este caso también se mezclan en fábrica los conglomerantes, áridos y aditivos, y además se amasan en la propia planta con el agua necesaria para conseguir la masa de mortero con las cualidades previstas para ser suministrada a obra. En este caso, se requiere además la adición de algún retardador de fraguado para evitar que el proceso se produzca durante el transporte o hasta el momento de ponerlo en obra.

 Recuerde

Junto al mortero suministrado se adjunta el albarán de entrega, con el que se debe comprobar que las cualidades del mortero coinciden con las solicitadas. En el albarán debe venir también reflejado el tiempo máximo de uso, condiciones de puesta en obra, componentes de la masa y su dosificación.

El acopio del mortero elaborado se realizará evitando el contacto directo con el terreno o con otros materiales que pudieran contaminar la masa fresca. Cuando el transporte y el almacenaje se realicen en condiciones climatológicas adversas, como presencia de lluvia, heladas, o excesivo calor, se tomarán las medidas oportunas de protección para que no se alteren las cualidades del mortero.

Mientras esté vigente el período máximo de uso establecido para el mortero, y siempre que esté expresamente admitido por el fabricante, es posible añadir agua para igualar la que se haya podido evaporar durante el transporte. En este caso, se debe proceder a un reamasado del mortero según las instrucciones del fabricante, y como mínimo por un período de **3 minutos.** Una vez superado el período límite especificado para su utilización, debe descartarse el uso de la masa de mortero que no se haya puesto en obra hasta el momento.

Suministro en obra de mortero industrial preparado.

La utilización de morteros predosificados e industriales comporta una serie de ventajas respecto al mortero elaborado totalmente en obra, como:

Evita la necesidad de tener diversos acopios de cada uno de los componentes del mortero, ahorrando espacio en obra.

Se reducen tiempos de elaboración y manipulación de los componentes.

Correctamente suministrado en el punto de uso se reducen desplazamientos y transportes en el interior de la obra, reduciendo costes y riesgos.

Se minimizan errores de dosificación y de elaboración del mortero.

Se ahorran costes de mano de obra.

Al contar con las dosificaciones preestablecidas industrialmente, se obtienen mayores garantías de alcanzar las cualidades exigidas, especialmente los resultados de resistencia del mortero.

 Aplicación práctica

Determine el proceso lógico de elaboración en obra de mortero de cemento para la ejecución del rejuntado de un muro de mampostería.

Continúa en página siguiente >>

<< Viene de página anterior

SOLUCIÓN

1. Conocidas las cualidades y resistencia exigida, se ha de determinar previamente la dosificación o cantidad a utilizar en cada amasada de cada uno de los componentes del mortero.
2. Antes de realizarlo, preparar los acopios de cada uno de los materiales, con las cantidades correctas y comprobando en el etiquetado o en los albaranes de suministro que todos cumplen con las especificaciones exigidas en el pliego de condiciones.
3. Con la hormigonera en funcionamiento verter parte del agua prevista de amasado.
4. Incorporar de forma paulatina la arena y el conglomerante a la hormigonera para su mezclado.
5. Una vez mezclados añadir los aditivos correspondientes, en caso de estar indicado su uso.
6. Añadir el resto de agua de amasado y continuar con el proceso de mezclado el tiempo necesario hasta conseguir una pasta homogénea y con las condiciones de uso adecuadas.
7. Utilizar el mortero dentro del tiempo de uso recomendado, siempre antes de que comience el proceso de fraguado.

---

9. Riesgos y protecciones durante los trabajos de construcción de muros de mampostería

Al igual que cualquier otra actividad de ejecución de una obra, los trabajos de construcción de un muro de mampostería están sometidos a una serie de riesgos que afectan no solamente a los operarios encargados de su realización, sino también indirectamente al resto de personal que intervenga en la obra.

Entre los **riesgos** más comunes que se pueden producir durante la ejecución de muros de mampostería se pueden citar:

- Caídas de operarios al mismo nivel de trabajo, por tropiezos o resbalones.
- Caídas de operarios en altura o a distinto nivel.
- Caída de material.
- Afecciones en mucosas y oculares por polvo, proyección de pequeñas partículas, etc.

- Electrocuciones durante el uso de herramientas o por cercanía de los trabajos a líneas eléctricas, instalaciones provisionales de obra, etc.
- Lesiones en la piel, cortes o dermatosis, por el contacto con los diversos materiales.
- Lesiones por sobreesfuerzos.
- Atrapamientos y aplastamientos, producidos por materiales pesados, por el uso de herramientas o por desmoronamientos parciales de la fábrica ejecutada.
- Los riesgos propios originados por el uso de medios auxiliares como borriquetas, escaleras, andamios, etc.
- Cortes por utilización de máquinas herramienta.
- Incendios.
- Salpicaduras de mortero en ojos.
- Golpes en extremidades.
- Daños por proyección de partículas al corte de los distintos materiales.

Entre la principal normativa a tener en cuenta en obras de construcción, en materia de seguridad se puede citar:

- Real Decreto 1627/1997, de 24 de octubre, por el que se establecen disposiciones mínimas de seguridad y salud en las obras de construcción.
- Ley 32/2006, de 18 de octubre, reguladora de la subcontratación en el Sector de la Construcción.
- Real Decreto 1109/2007, de 24 de agosto, por el que se desarrolla la Ley 32/2006, de 18 de octubre, reguladora de la subcontratación en el Sector de la Construcción.
- Ley 31/1995, de 8 de noviembre, de Prevención de Riesgos Laborales.

A fin de minimizar o anular estos riesgos, durante la construcción del muro de mampostería se deben tomar una serie de medidas protectoras y de seguridad que se dividen en:

- Protecciones personales.
- Protecciones colectivas.

9.1. Protecciones personales

Son las que porta el propio operario y protegen directamente a la persona. Como protecciones personales para evitar riesgos durante la elaboración del muro, todos los operarios intervinientes deberán usar correctamente al menos los medios de seguridad siguientes:

- Casco homologado y certificado.
- Mono de trabajo.
- Gafas protectoras de seguridad.
- Calzado de seguridad reforzado.
- Mascarilla antipolvo cuando este se produzca durante la manipulación de la piedra, confección del mortero, etc.
- Guantes apropiados, de goma o cuero, con dediles reforzados.
- Cinturón y arnés de seguridad, anclados a puntos fijos establecidos al efecto, para realizar trabajos con una altura de caída superior a los dos metros.

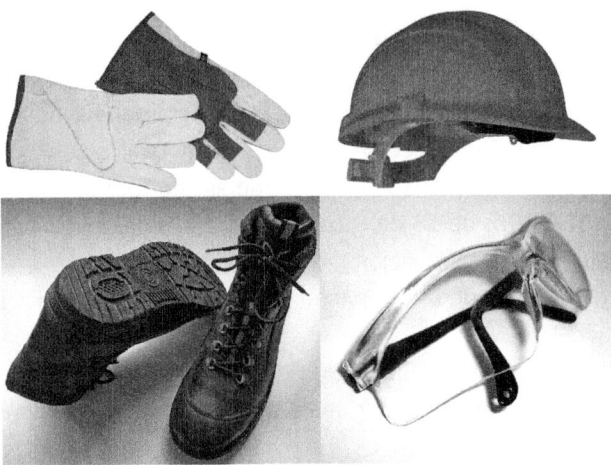

Algunas protecciones personales.

9.2. Protecciones colectivas

Independientemente del uso obligatorio por parte de cada operario de los medios de protección individuales, deben establecerse durante la construcción del muro una serie de medidas adicionales, que eviten riesgos y protejan de modo conjunto al personal afectado por el peligro de accidente. Entre las protecciones básicas cabe destacar:

- Plataformas y zonas de trabajo libres de obstáculos.
- Andamios normalizados, con todos sus elementos de seguridad y protección correctamente instalados para trabajos en altura.
- Correcta señalización y delimitación de las zonas de trabajo.
- Señalización de riesgo de caídas de objetos.
- Orden y limpieza en el trabajo.
- Correcta iluminación de la obra.
- Uso de lonas protectoras que eviten proyección de materiales o herramientas a otras zonas de la obra.
- Coordinación entre los distintos oficios para que la actividad de cada uno no afecte de forma insegura a otros trabajos que se estén ejecutando simultáneamente.
- Cumplimiento estricto de las exigencias e instrucciones del fabricante en el manejo de útiles, medios auxiliares y herramientas.
- Seguimiento de las recomendaciones reflejadas por el suministrador de cada material.
- Evacuación de escombros de forma canalizada hasta el punto de recogida localizado, correctamente señalizado y acotado.
- Instalación eléctrica provisional de obra en correcto estado de aislamiento y señalización, con todos sus elementos de protección instalados.

 **Importante**

Frente a un riesgo, la protección colectiva es la primera que debe adoptarse.

 **Recuerde**

Durante la construcción del muro de mampostería se deben tomar una serie de medidas protectoras y de seguridad divididas en:

▌ **Protecciones personales.** Dispositivos y medios que protegen directamente al operario.
▌ **Protecciones colectivas.** Dispositivos y medios que protegen al conjunto de trabajadores.

9.3. Normas generales de seguridad

Independientemente de los medios y sistemas de protección expuestos, se indican también una serie de recomendaciones de normas generales de seguridad que es necesario seguir durante el proceso de construcción de la fábrica:

- En caso de necesitar la utilización de máquinas o herramientas de corte, estas se situarán en lugares ventilados y protegidos de la proyección de partículas.
- Para evitar sobreesfuerzos, no se deben manipular materiales o herramientas con peso superior a 25 kilogramos.
- Es necesario realizar la revisión diaria del estado de los medios auxiliares empleados en los trabajos, como andamios y escaleras. En caso de detectar defectos de los materiales o del propio montaje, debe descartarse inmediatamente su uso, procediendo a su reparación o sustitución.
- Las zonas de trabajo y de tránsito permanecerán siempre limpias, ordenadas y bien iluminadas.
- La iluminación portátil de los tajos será estanca y con las protecciones instaladas.
- Cuando se realicen trabajos a distintos niveles, se acotarán y señalizaran correctamente las zonas de trabajo.
- Los andamios, escaleras o cualquier otro elemento auxiliar no apoyarán en fábricas recién construidas.
- Para evitar los riesgos de lesiones en los ojos se trabajará siempre por debajo de la altura del hombro.

- Antes de realizar trabajos en zonas con riesgo de caídas a distinto nivel, se instalarán barandillas resistentes provistas de rodapié, pasamanos y listón intermedio, para cubrir huecos y aberturas.
- Los huecos existentes en el suelo, aunque sean de pequeño tamaño, permanecerán protegidos para prevenir la posibilidad de caídas.
- Se evitarán acumulaciones innecesarias de escombro y cascotes en las zonas de trabajo, realizando retiradas diarias al lugar acotado a tal efecto.
- Cuando por la ubicación de los trabajos, el suministro de materiales sea necesario realizarlo con la ayuda de grúa o montacargas, los materiales se transportarán en contenedores o plataformas con los bordes protegidos contra el derrame, apilando el material ordenadamente y protegido de forma que se evite su caída durante el desplazamiento y descarga.
- No se deben concentrar las cargas sobre vanos o zonas estructurales que ofrezcan menor resistencia.
- Se prohibirá realizar trabajos junto a los paramentos recientemente ejecutados, al menos hasta que transcurran 48 horas, para evitar que puedan producirse derrumbes y atrapamientos del personal.
- Se descartará el uso de borriquetas en bordes con riesgo de caídas a distinto nivel si antes no se ha procedido a instalar una protección sólida contra posibles caídas al vacío.

 Aplicación práctica

Indique qué condiciones mínimas de seguridad debe mantener un operario que se encuentra construyendo un muro de mampostería de sillarejos, teniendo en cuenta que:

I Está realizando el arranque del muro a nivel de calle, sin riesgo de caídas a distinto nivel.
I Su labor concreta es la de colocación de los sillarejos.
I Dispone a pie de tajo tanto del mortero elaborado como de sillarejos ya elaborados, sin necesidad de manipulación por su parte.

Continúa en página siguiente >>

<< Viene de página anterior

SOLUCIÓN

Deberá tener en cuenta, para las condiciones expresadas:

I Uso de casco protector homologado.
I Uso de calzado de protección reforzado.
I Uso de guantes apropiados con dediles reforzados.
I Uso de mono de trabajo.
I Mantenimiento de la zona de trabajo limpia y ordenada, libre de obstáculos que puedan propiciar tropiezos.
I Zona de trabajo acotada y señalizada.
I Acopio de material y herramientas en puntos localizados y ordenados.
I Retirada periódica de cascotes, escombros, restos de morteros, etc.

 Importante

A la hora de la manipulación de cargas, el trabajador debe de haber recibido formación necesaria para conocer las técnicas básicas a utilizar.

10. Resumen

Los principales tipos de mampostería que se ejecutan habitualmente son:

■ Mampostería ordinaria.
■ Mampostería concertada.
■ Mampostería de hiladas irregulares.
■ Mampostería de sillarejos.
■ Mampostería enripiada.
■ Mampostería con verdugada.

- Mampostería de canto rodado.
- Mampostería careada.

La terminación de las juntas entre mampuestos puede ser:

- Enrasada.
- Rehundida.
- Resaltada.
- En seco.

Además de la piedra, el otro elemento fundamental en la construcción de un muro de mampostería es el mortero. Se utiliza para rellenar los huecos y dar cohesión entre los mampuestos del interior del muro, y para el rejuntado de las juntas de la mampostería del paramento visto.

El mortero está compuesto por:

- Conglomerante (Principalmente cemento o mezcla de cemento y cal).
- Árido.
- Agua.
- Aditivos (si se necesita modificar alguna de sus propiedades básicas).

Durante la construcción de un muro de mampostería, al igual que con cualquier otra actividad de obra, existen una serie de riesgos cuyo efecto es necesario minimizar o eliminar mediante la utilización de:

- Medios de protección personal. Son de uso individual y afectan particularmente a la seguridad de cada operario.
- Medios de protección colectiva. Los que se instalan en la propia obra o en la zona de trabajo, incidiendo en la seguridad de todos los trabajadores que participan en un determinado trabajo.

Además es necesario seguir, durante la construcción del muro una serie de medidas que ayuden a mejorar a seguridad y comodidad del trabajo como limpieza, orden y buena iluminación de las zonas de trabajo, revisión constante de medios auxiliares, etc.

Ejercicios de repaso y autoevaluación

1. ¿Cuál de las siguientes denominaciones corresponde a algún tipo de terminación de juntas que existen en mampostería?

    a. Rehundida.
    b. Resaltada.
    c. En seco.
    d. Todas las opciones son correctas.

2. Relacione cada definición con el tipo de muro de mampostería que le corresponde.

    a. Es el muro realizado con mampuestos procedentes de cantera, sin labrar ni manipular para su adaptación, colocados con aparejo irregular.
    b. Es un tipo de muro que se realiza buscando la combinación ajustada de los mampuestos entre sí, seleccionando entre los disponibles el que mejor se adapta en cada punto, de manera que quedan todos acoplados con el máximo acuerdo posible entre sus caras.
    c. Se forma el muro utilizando mampuestos irregulares, pero colocados procurando mantener hiladas más o menos ordenadas.
    d. Es el muro ejecutado con sillarejos, es decir con mampuestos, en los cuales sus caras se encuentran toscamente labradas, formando piezas con forma semejante a un paralelepípedo o prisma rudimentario, sin aristas muy definidas, ni un cuidado grado de planeidad de sus caras.

    __ Mampostería concertada.
    __ Mapostería de sillajeros.
    __ Mampostería de hiladas irregulares.
    __ Mampostería ordinaria.

3. Indique cuáles de las siguientes afirmaciones son verdaderas y cuáles son falsas.

    a. La mampostería enripiada es un tipo de muro en el que los huecos entre los mampuestos se rellenan con trozos más pequeños de piedra, que los estabilizan y calzan entre sí.

        ☐ Verdadera
        ☐ Falsa

b. La mampostería de canto rodado es un tipo de muro de mampostería en el que, cada cierta altura se intercala una línea horizontal de ladrillo macizo, habitualmente formada por dos hiladas, que sirve para regularizar horizontalmente y repartir de forma homogénea las cargas de cada tramo.

☐ Verdadera
☐ Falsa

c. La mampostería con verdugada es un tipo de muro formado por mampuestos procedentes de río. Son de forma redondeada, sin aristas vivas.

☐ Verdadera
☐ Falsa

4. El tipo de muro de mampostería que se realiza con piedras labradas únicamente en su cara externa, de forma plana y labrado tosco se denomina...

a. ... mampostería careada.
b. ... mampostería de sillarejos.
c. ... mampostería de rejuntado.
d. ... mampostería enripiada.

5. ¿Cuáles son las ventajas que presentan la utilización de morteros predosificados e industriales con respecto a los morteros elaborados en obra?

_____
_____
_____
_____

Capítulo 2
Recibido de cercos, precercos, marcos y cargaderos

Contenido

1. Introducción

Durante el proceso de ejecución de los huecos integrantes de un muro en construcción, es necesario prever la forma de agarre de carpinterías, celosías y cualquier elemento de cierre de dicho espacio.

También se deben seguir una serie de directrices básicas en el recibido de cargaderos en huecos en caso de ser necesaria la instalación de estos.

En el presente tema se repasa la ejecución del recibido de estos elementos a la fábrica.

2. Recibido de cercos, precercos, marcos y cargaderos

El proceso de recibido implica la verificación y adecuación de los elementos estructurales y de cerramiento donde serán colocados los cercos, precercos, marcos y cargaderos. Estas operaciones deben asegurar el aplomado, nivelación y fijación adecuados, así como la compatibilidad dimensional con los elementos prefabricados que se vayan a instalar.

El recibido adecuado no solo influye en la estabilidad y durabilidad del conjunto, sino también en su comportamiento funcional y estético. A continuación, se detallan los criterios y procedimientos específicos para el recibido de los distintos componentes de carpintería.

2.1. Recibido de carpinterías

Al ejecutar un hueco en un muro de mampostería, además de todos los factores que son necesarios tener en cuenta durante su construcción para obtener un resultado óptimo y acorde con lo proyectado, es también muy importante conocer previamente si el hueco va a quedar abierto o estará cerrado con algún tipo de carpintería.

Si está previsto que una vez ejecutado el muro, en el hueco se va a instalar algún tipo de cierre, es necesario conocer sus características, modo de fijación, sistemas de apertura, tipo de empotramiento, tratamientos en las intersecciones con el muro, y cualquier otro condicionante que influya en la forma de ejecutar y terminar el hueco.

De ello dependerá el dejar previsto correctamente en el muro los elementos o detalles constructivos que, una vez finalizado, faciliten la puesta en obra del cierre proyectado.

Independientemente del tipo de carpintería utilizado (madera, metálica, PVC, etc.), existen dos formas fundamentales de colocarla en el hueco realizado en un muro, que se pueden agrupar en dos opciones generales como son:

- Fijada directamente al perímetro del hueco, una vez terminado.
- Fijada a un bastidor que previamente se ha empotrado en el perímetro del hueco.

Dentro de estos dos grupos, existen numerosas variantes en la forma definitiva de anclaje de la carpintería, como anclaje mediante garras, atornillada, clavada, ensamblada, etc.

Para conocer los sistemas posibles de recibido de la carpintería en un hueco de fábrica, conviene saber antes cuáles son los elementos estructurales que la unen a la obra, como son:

- Precerco.
- Cerco.
- Marco.

Precerco

También denominado **premarco,** es un bastidor de madera o metálico, con perfiles de sección rectangular, que se recibe al perímetro del hueco mientras este se está ejecutando y sobre el que posteriormente se fija la carpintería de cierre de una puerta o ventana.

Se trata de un conjunto de perfiles ensamblados entre sí, que se colocan entre la carpintería y la fábrica para conseguir un enlace idóneo entre ambas.

Mediante la utilización de precerco para recibir la carpintería a la fábrica se consigue:

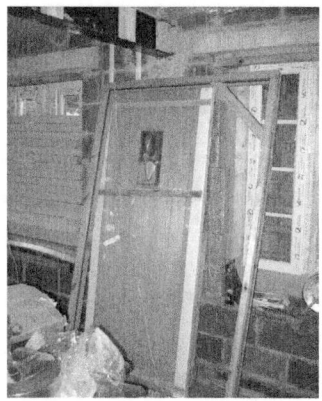

- Sustentar el marco o cerco de la carpintería.
- Favorecer el replanteo del hueco.

El precerco se debe realizar con la forma y dimensiones del hueco en el que se va a montar, actuando como replanteo y plantilla real durante la construcción del mismo.

Precerco de madera.

 Nota

Los premarcos deben colocarse perfectamente aplomados y escuadrados.

En principio actúa como elemento auxiliar que, una vez colocado sirve como guía para la elaboración del hueco. Una vez finalizada y consolidada la ejecución de la fábrica, si el precerco ha actuado únicamente como plantilla, se puede retirar y desechar, aunque lo habitual es que el propio precerco se emplee para servir de base para el recibo de la carpintería definitiva, fijándose de forma directa al mismo.

El precerco se elabora con listones de madera cuando la carpintería que va a recibir es de ese mismo material. Cuando la carpintería es metálica, de PVC u otro material similar, el precerco habitualmente se realiza con perfiles ligeros metálicos, normalmente de aluminio.

Para las ventanas, el precerco ha de formar un bastidor cerrado que se empotre tanto en las jambas como en el dintel y en el antepecho. Los perfiles verticales que se empotran en las jambas se denominan **montantes;** los horizontales se denominan **largueros.**

Al ser un elemento que se recibe directamente al muro, está dotado de garras o patillas de anclaje para su conexión al mismo. Estas garras se deben colocar en todo el perímetro para garantizar el correcto anclaje.

Si la fábrica se ejecuta con el premarco ya colocado a modo de plantilla de replanteo, este se puede situar de forma que quede parcialmente embebido en el muro. De esa forma, al colocar posteriormente la carpintería es más fácil que el precerco quede oculto entre esta y el paramento, obteniéndose un acabado de mayor calidad tanto estética como funcional.

 Importante

Las garras de anclaje se deben repartir con una distancia entre ellas menor de 50 centímetros, y siempre teniendo en cuenta que las que se encuentren más cercanas a los extremos de los perfiles, no estén a más de 20 centímetros de los ángulos del precerco.

Ventajas en el uso

El uso de premarcos en la formación de huecos en una fábrica de albañilería no es obligatorio, aunque su empleo ofrece una serie de ventajas, que se pueden resumir principalmente en:

■ Señala el replanteo correcto de las dimensiones del hueco en el muro, evitando en gran medida los errores de trazado.

▪ Simplifica el acoplamiento entre hueco y ventana aumentando el grado de exactitud de la puesta en obra.

▪ Mejora la exactitud de medidas en huecos de idénticas dimensiones en un mismo paño, reduciendo los márgenes de error.

▪ Simplifica los futuros trabajos de sustitución de la carpintería o desmontajes para reparaciones si son necesarios, facilitando los procesos de extracción y recolocación sin afectar a los paramentos o aristas de la fábrica.

▪ Mejora la posibilidad de sellado de la intersección entre el marco o cerco y el paramento del muro.

▪ Admite mejor los movimientos diferenciales de dilatación entre carpintería y fábrica sin provocar deformaciones.

Cerco y marco

En la práctica son dos formas de denominar un mismo elemento. Se trata de la estructura perimetral que da forma a una puerta o a una ventana, y donde se fijan las hojas, herrajes, elementos de cierre y seguridad que forman parte de las mismas.

Quizá, para establecer una diferencia a la hora de utilizar una u otra denominación, se puede decir que se designa como **cerco** cuando se fija a un precerco ya colocado, y **marco** cuando la carpintería se fija directamente a la fábrica, aunque en la práctica cumplen la misma función en el elemento de cierre. El cerco o marco forma el bastidor de perfiles fijos de la carpintería, que se reciben directamente sobre la fábrica o sobre el precerco si se utiliza este sistema.

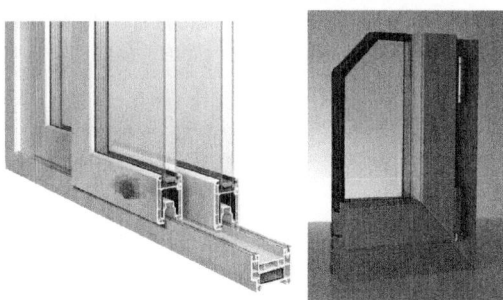

Imágenes de marco y cerco de metal y madera.

Nota

En el cerco o marco se reciben los elementos y herrajes de soporte de las hojas.

Aspectos a tener en cuenta

Las consideraciones a tener en cuenta al realizar el recibido y colocación de premarcos, cercos y marcos son:

Para el **recibo de la carpintería,** se debe verificar que los huecos se encuentren construidos totalmente planos, con las escuadras correctamente ejecutadas y con el aplomado preciso.

Se debe comprobar que las dimensiones de los huecos coinciden con las carpinterías requeridas, cuidando de que la carpintería no encaje en el mismo de forma obligada.

Nota

Si la carpintería no se coloca con una pequeña holgura, con el paso del tiempo, los movimientos de dilatación terminarán dañando la propia carpintería o el muro, provocando desprendimientos y roturas en las aristas del hueco, roturas de los elementos de la carpintería, desajustes y mal funcionamiento de los cierres, etc.

Importante

Tanto el precerco como las características de su recibido deben estar ejecutados y diseñados de forma que no supongan impedimentos o dificultades posteriores en el momento de montar la carpintería.

Para evitar **problemas posteriores de ajuste,** la luz libre del premarco debe dejar al menos **un centímetro** de holgura con el cerco o marco exterior de la carpintería. Para garantizar la firmeza de la unión, pero a la vez admitiendo movimientos de dilatación y contracción, este espacio se debe acuñar y rellenar posteriormente con espuma de poliuretano u otro material sellante que permita cierta elasticidad. Se debe ejecutar de forma que los distintos coeficientes de dilatación de cada uno de los materiales no originen empujes que puedan causar deformaciones, pandeos y descuadres en el precerco o en la propia carpintería.

Recuerde

El premarco no se debe colocar recluido totalmente entre la fábrica, hay que dejar al menos la holgura de 1 centímetro rellena de material elástico para que absorba los posibles movimientos diferenciales.

Debido a que los precercos se colocan durante la ejecución del muro, en la fase de albañilería, es necesario que la carpintería se contrate con la suficiente anticipación para que los premarcos se elaboren por la misma subcontrata que realizará el resto de la carpintería, a fin de evitar problemas posteriores de ajustes, desigualdad en las escuadrías de los perfiles, y también para poder organizar correctamente el plan de obra.

Definición

Escuadría
Conjunto de las dos dimensiones de la sección transversal de una pieza de madera que está o ha de ser labrada a escuadra.

Cuando el precerco tiene unas **dimensiones considerables,** debe arriostrarse en los ángulos y en las diagonales, para evitar deformaciones de los perfiles durante el transporte y el recibido del mismo. Estos arriostramientos se deben dejar instalados hasta el momento que esté empotrado en la fábrica.

Si el precerco es de madera, sus perfiles deben estar ejecutados con madera perfectamente seca para evitar deformaciones por dilataciones.

Hasta su colocación debe acopiarse en zonas limpias, secas y protegidas de la intemperie.

Si el precerco se debe colocar en el hueco de una fábrica ya ejecutada, se deberá replantear los puntos de anclaje de las garras y abrir pequeños cajetines donde se empotren las mismas. Una vez colocados se rellenan los huecos con mortero, humedeciendo previamente el muro para que no absorba rápidamente el agua de amasado de la masa.

Si existen excesivas dificultades para ejecutar los **cajetines de empotramiento,** especialmente en este caso de muros de mampostería, se puede optar por fijarlo mediante atornillado o pasar a fijar la carpintería de forma directa al paramento.

Una vez colocado el premarco, se debe proceder al sellado de todo su perímetro colocando cordón continuo de material elástico sellante tipo silicona o similar, de forma que se impida la entrada de agua.

Si el precerco está dotado de cabeceros, estos se deben encajar en la fábrica, mejorando así el anclaje.

Las intersecciones entre la fábrica, el precerco y el cerco deberán quedar perfectamente estancas y preferentemente ocultas mediante **tapajuntas o junquillos.**

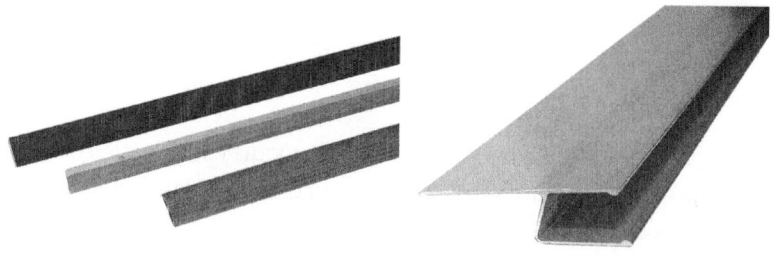

Tapajuntas y junquillos.

 Aplicación práctica

A continuación se va a establecer la secuencia correcta del proceso de recibido de un precerco metálico durante la ejecución de un hueco para ventana, en un muro de mampostería concertada, con las jambas realizadas con piezas de sillería labrada. El precerco se colocará embutido en las jambas. En el labrado de las piezas de sillería se considera que ya se ha ejecutado el rebaje de la arista que acoge el precerco.

Continúa en página siguiente >>

<< Viene de página anterior

SOLUCIÓN

El procedimiento es el siguiente:

1. Verificar que el precerco tiene instaladas correctamente las garras de fijación, y que dispone de los arriostramientos suficientes en las esquinas y entre perfiles que eviten deformaciones durante su manipulación y puesta en obra.
2. Una vez alcanzado el nivel de alféizar con la ejecución del muro, se replantea la ubicación del hueco, y se marcan los puntos de agarre del larguero inferior.
3. A nivel de alféizar, ejecutar los cajetines para alojar las garras de anclaje.
4. Se recibe el precerco, se nivela y aploma, se arriostra y estabiliza mediante torna-puntas provisionales, y se rellenan los huecos de las garras inferiores con mortero.
5. Se procede a la ejecución de las jambas, simultáneamente a ambos lados del hueco, manteniendo los enjarjes correspondientes. Cuando una pieza coincida con la altura de alguna garra de anclaje se ejecuta manualmente el cajetín de alojamiento y se rellena con mortero, fijando el precerco.
6. Por último, colgar las hojas de la ventana en sus herrajes.

En la siguiente imagen, se indica mediante croquis esquemático en planta, tres opciones para solucionar el recibido de una carpintería tipo al hueco de un muro de mampostería:

a. Carpintería recibida sobre precerco, fijado a la cara lateral de la jamba.
b. Carpintería recibida con precerco, empotrándolo en el interior del muro.
c. Carpintería sin precerco, con recibido directo del marco sobre el paramento de la jamba.

Entre las tres opciones, la b. es la que mejores resultados ofrece en función de facilidad de colocación, estanqueidad, estabilidad, y posibilidad de movimientos de dilatación sin deformarse.

Diferentes métodos de recibo de una carpintería tipo a un muro de mampostería

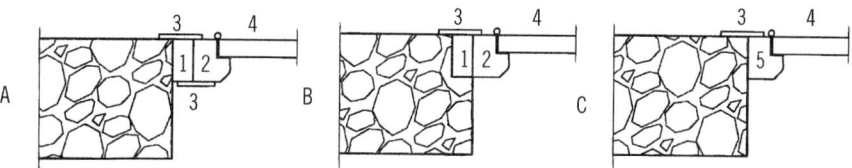

1. Precerco 2. Cerco 3. Tapajuntas 4. Hoja 5. Marco

En todos los casos anteriores se debe ejecutar un sellado perimetral mediante cordón continuo de silicona, colocado en la intersección entre el paramento de la jamba y la carpintería. También en la intersección de esta con el dintel y el alféizar.

Existen tres formas de colocar la carpintería en función de su ubicación respecto al paramento del muro:

1. Alineada con la cara interior del muro.
2. Centrada en el punto medio de las jambas.
3. Alineada con la cara exterior del muro.

De entre ellas, la más desaconsejable es la **alineada con el paramento exterior del muro,** debido a que:

- Se incrementa el riesgo de que el agua de lluvia acceda al interior a través de la junta entre la fachada y el cerco.
- Se dificulta la ejecución de los anclajes al muro, especialmente en el caso de fábricas de mampostería.
- La carpintería se encuentra más expuesta a las inclemencias ambientales, y por tanto sometida a dilataciones y contracciones más bruscas, con el consiguiente aumento del riesgo de deformaciones y roturas tanto en la carpintería como en el muro.

Las otras dos opciones se pueden emplear indistintamente en un muro de mampostería, ya que por el espesor con el que se realizan estas fábricas, aunque la carpintería se coloque en su punto medio, permite que la carpintería quede correctamente protegida por la jamba exterior resultante.

Aplicación práctica

Establezca la secuencia y elaboración correcta del proceso de recibido de carpintería de una ventana de madera de dos hojas abatibles, montada sobre el hueco de un muro de mampostería, ejecutado empotrando previamente un precerco de madera.

SOLUCIÓN

1. Colocar el cerco y los elementos fijos de la ventana, con las hojas desmontadas, en el hueco del precerco.
2. Verificar que cuenta, entre el cerco y el precerco, con una holgura de un centímetro en todo el perímetro.
3. Nivelar y aplomar la ventana, inmovilizándola mediante pequeñas cuñas introducidas a lo largo de la holgura perimetral.
4. Fijar al precerco mediante tornillos pasantes, con cabeza embutida en el cerco. Colocar los tornillos en todo el perímetro del cerco, con una distancia máxima entre ellos de 50 centímetros, comprobando siempre que entre la esquina y el último tornillo del perfil no queden más de 20 centímetros.
5. Rellenar la holgura entre cerco y precerco con espuma de poliuretano que actúe de sellante y sirva a su vez como elemento flexible que absorba pequeños movimientos de dilatación.
6. Colocar los tapajuntas cubriendo la unión entre cerco, precerco y paramento.
7. Exteriormente, realizar el sellado en todo el perímetro de la junta de intersección entre el cerco y la fábrica mediante cordón continuo de material sellante incoloro. Este sellado se debe realizar en la unión con jambas, dintel y alféizar.
8. Por último, colgar las hojas de la ventana en sus herrajes.

2.2. Cargaderos

El dintel es el elemento constructivo horizontal, que formando una viga, delimita la parte superior de un hueco y traslada a las jambas o apoyos laterales, las cargas provenientes de la parte de muro superior. Es práctica común, que cuando el dintel se forma mediante viguetas apoyadas de lado a lado del hueco, se les denomina **cargaderos** a esos elementos estructurales.

Elementos del hueco

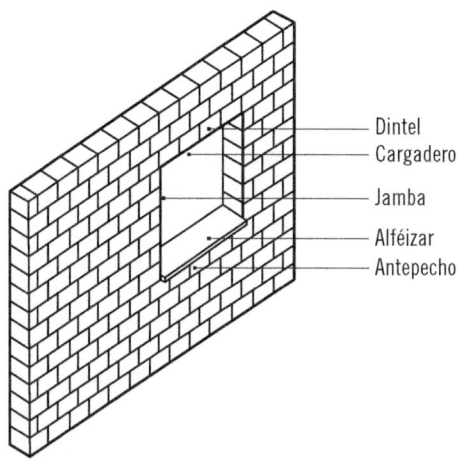

- Dintel
- Cargadero
- Jamba
- Alféizar
- Antepecho

 **Recuerde**

Se llama jamba a cada uno de los elementos verticales que forman lateralmente el hueco en un muro.

Los cargaderos a ejecutar en huecos de muros se pueden realizar con diversos materiales, como:

- Madera.
- Piedra.
- Prefabricados de hormigón.
- Metálicos.
- Con moldes prefabricados y hormigonado in situ.

Cuando el cargadero no se va a revestir, quedando visto, es habitual realizarlo de madera o de piedra. Si está previsto revestirlo, se realiza mediante viguetas prefabricadas de hormigón o con viguetas de perfiles normalizados de acero.

Cuando se trata de ejecutar el **dintel** de un muro de mampostería, con un espesor considerable, las cargas que le transmite al dintel el muro que sobre él se encuentra pueden ser muy elevadas. En ese caso, si el hueco tiene una luz importante, el ejecutar el dintel mediante una pieza enteriza de piedra o madera por ejemplo, puede provocar problemas de resistencia, o para solucionarlo obliga a sobredimensionarla en exceso para garantizar que soporta la carga. Este hecho puede traer como consecuencia:

- **Aumento de costes.** El hecho de conseguir una pieza enteriza de piedra o madera la encarece considerablemente.
- **Dificultades en la colocación y recibido en obra,** por su elevado peso y dimensiones.
- **Problemas de fisuración o roturas.**

A fin de evitarlo, se puede optar por dos opciones:

1. Ejecutar el dintel mediante varias piezas de menor espesor, colocadas unas detrás de otras hasta cubrir todo el espesor del hueco.
2. Ejecutar la parte delantera del dintel con un cargadero de piedra o madera de menor espesor, respetando la estética del paramento visto del muro, y detrás, completar el espesor del muro mediante cargaderos construidos con viguetas prefabricadas de hormigón o perfiles normalizados de acero.

Esta segunda opción es posible cuando la cara interna del muro se va a revestir. De esa forma se ejecuta también una capa de revestido de la cara inferior de las viguetas prefabricadas, quedando estas ocultas.

Formación de dintel

2. Cargadero con viguetas
prefabricadas de hormigón

1. Cargadero visto de piedra o
madera en cara externa del muro

Esquema de ejecución de dintel mediante piezas vista en la cara
exterior del muro y cargaderos prefabricados de hormigón.

El recibido de los cargaderos en el hueco se realiza apoyándolos en las jambas laterales del mismo. Se han de calcular con sección suficiente para sustentar las cargas transmitidas desde la parte alta del muro, además de soportar su peso propio.

Dintel cargaderos de piedra

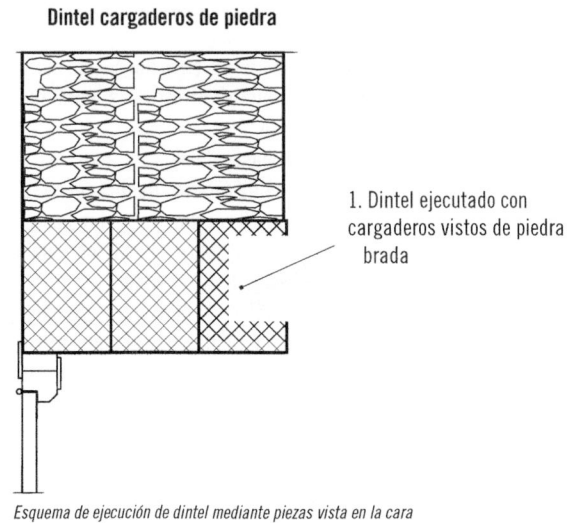

1. Dintel ejecutado con
cargaderos vistos de piedra
brada

Esquema de ejecución de dintel mediante piezas vista en la cara
exterior del muro y cargaderos prefabricados de hormigón.

Para recibir los cargaderos sobre las jambas, se ha de realizar una entrega mínima o apoyo de 20 centímetros a cada lado. Es decir, al solicitar los cargaderos se deben pedir con una longitud al menos de 40 centímetros superior a la luz libre del hueco.

Para el apoyo de los cargaderos se debe regularizar la coronación de las jambas mediante base de mortero alisada y perfectamente nivelada, especialmente en el caso de jambas ejecutadas con mampuestos irregulares, que no ofrecen una superficie de sustentación normalizada.

 Aplicación práctica

Realice la secuencia para elaborar correctamente el recibo de cargaderos en un muro de mampostería.

SOLUCIÓN

1. Se ejecuta normalmente el muro hasta la altura de coronación de las jambas.
2. En toda la longitud de las jambas, y con una anchura de 30 centímetros como mínimo, se realiza la base de apoyo para los cargaderos, ejecutada extendiendo capa de mortero rasanteada y perfectamente nivelada.
3. Se comprueba que las bases de apoyo en las dos jambas se encuentren al mismo nivel.
4. Bajo el nivel de apoyo, se instala en el hueco una estructura provisional de apoyo, mediante sopandas y puntales arriostrados, para apoyo de los cargaderos hasta que endurezca el conjunto.
5. Una vez endurecidas las bases de apoyo, colocar los cargaderos, comenzando por el más próximo al paramento exterior. Realizar el recibido de los mismos de forma que apoyen como mínimo 20 centímetros sobre cada jamba.
6. Recibir los cargaderos con mortero y rellenar los espacios entre ellos con el mismo mortero hasta conseguir un dintel compacto.
7. Una vez endurecido y solidificado el conjunto de cargaderos, continuar elevando la fábrica normalmente hasta alcanzar el siguiente nivel.
8. Antes de desmontar, una vez concluido el muro, aflojar previamente los puntales y esperar al menos 48 horas para observar que no se producen fisuras o movimientos de los cargaderos. Retirar el sopandado y medios auxiliares una vez verificada la solidez del elemento constructivo.

3. Resumen

El recibido de carpinterías al hueco de un muro se puede realizar:

- Directamente atornillada o anclada al muro una vez finalizado el mismo.
- Mediante fijación a precerco, que consiste en un bastidor de madera o metálico que se empotra previamente a la fábrica durante su ejecución.

El uso de precerco en el recibido de carpinterías a un hueco realizado en fábrica de mampostería comporta ventajas de ejecución y funcionalidad posterior como:

- Favorece el correcto replanteo de las dimensiones del hueco en el muro.
- Simplifica el acoplamiento entre hueco y ventana.
- Mejora la exactitud de medidas de los huecos.
- Simplifica los futuros trabajos de sustitución de la carpintería o desmontajes para reparaciones.
- Facilita el sellado y mejora de la estanqueidad del conjunto.
- Admite mejor los movimientos diferenciales de dilatación entre carpintería y fábrica.

Cuando el espesor del muro es considerable, y la pieza resultante para forma el dintel es excesivamente grande, se puede ejecutar el adintelado mediante cargaderos. Los cargaderos se pueden realizar con:

- Madera.
- Piedra.
- Prefabricados de hormigón.
- Metálicos.
- Con moldes prefabricados y hormigonado in situ.

El recibido de cargaderos sobre las jambas se debe realizar de forma que cada extremo apoye al menos 20 centímetros.

El recibido se ejecuta sustentando los extremos del cargadero sobre bases de apoyo en la coronación de las jambas, realizadas mediante extendido de capa de mortero rasanteado y nivelado.

Ejercicios de repaso y autoevaluación

1. **Las garras de anclaje para el recibo de premarcos o marcos, se deben repartir de forma que cumplan el siguiente requisito:**

    a. La distancia entre ellas ha de ser menor de 50 centímetros.
    b. Las que se encuentren en los extremos de los perfiles no estarán a menos de 15 centímetros de los ángulos.
    c. Las dos opciones anteriores son correctas.
    d. Ninguna de las respuestas anteriores es correcta.

2. **Complete las siguientes afirmaciones.**

    Para el recibo de la _____ se debe verificar que los _____ se encuentren construidos totalmente _____, con las _____ correctamente ejecutadas y con el _____ preciso.

    Para evitar problemas posteriores de _____ , la luz _____ del premarco debe dejar al menos _____ de holgura con el _____ o marco _____ de la carpintería.

    Cuando el precerco tiene unas dimensiones considerables, debe _____ en los _____ y en las _____, para evitar deformaciones de los _____ durante el _____ y el _____ del mismo.

3. **De las siguientes opciones de recibido de carpintería a un hueco ejecutado en un muro de mampostería, ¿cuál ofrece mejores resultados en función de facilidad de colocación, estanqueidad, estabilidad, y posibilidad de movimientos de dilatación sin deformarse?**

    a. Carpintería recibida sobre precerco, fijado a la cara lateral de la jamba.
    b. Carpintería sin precerco, con recibido directo del marco sobre el paramento de la jamba.
    c. Carpintería recibida con precerco, empotrándolo en el interior del muro.

4. Si se pretende ejecutar en un muro de mampostería de gran espesor, un dintel mediante una pieza enteriza de piedra o madera para cubrir un hueco de luz libre de grandes dimensiones, es necesario sobredimensionar en exceso el dintel para garantizar que soporta la carga. ¿Qué consecuencias negativas puede ocasionar?

_____

_____

_____

_____

5. Para ejecutar un correcto recibido de los cargaderos de un hueco, al solicitarlos se deben pedir con una longitud que supere la luz libre del hueco al menos en...

    a. ... 10 centímetros.
    b. ... 80 centímetros.
    c. ... 20 centímetros.
    d. ... 15 centímetros.

Capítulo 3
Construcción

Contenido

1. Introducción

Como ya se ha visto en temas anteriores, el proceso de construcción de un muro de mampostería no implica exclusivamente la ejecución de los paños de fábrica, sino que también es necesario, dependiendo de las características y de la ubicación del muro, la realización de una serie de elementos que complementan la funcionalidad del muro.

En el presente tema se realiza un repaso por los principales elementos característicos que, en determinados casos, forman parte del propio muro mejorando sus funciones o sus características.

2. Elementos singulares

Entre los elementos singulares de uso más común durante la construcción de un muro de mampostería, que se tratan en el presente tema, se encuentran principalmente:

Dinteles adovelados
Cornisas
Impostas
Albardillas
Alféizares
Intersecciones
Drenajes

Obviamente no son estos todos los elementos singulares que se pueden encontrar durante la construcción de fábricas de mampostería. El muro se puede dotar de tantos elementos o mejoras se prevean en el diseño, si bien los elementos que se tratan en este tema son los que con más asiduidad pueden aparecer en los trabajos de ejecución de muros.

3. Dinteles adovelados

El dintel es el elemento que se ejecuta cuando es necesaria la formación de un hueco abierto en la superficie del muro. Es la parte superior del hueco necesario para la formación de una puerta o ventana. Es el componente del hueco cuyo cometido es soportar la carga que le transmite la parte de muro ejecutada por encima del hueco, repartiendo dichos esfuerzos a los apoyos laterales o jambas.

La pieza que forma el dintel se puede realizar de forma enteriza, como ya se vio en temas anteriores, ejecutada en piedra labrada, madera, prefabricada o de cualquier otro material capaz de soportar sin deformaciones las cargas recibidas.

Además del referido tipo de **dintel enterizo,** también es posible realizarlo con una serie de piezas independientes, acopladas entre sí de tal forma que pueden transmitir la carga de la parte superior del hueco: **las dovelas.**

 Recuerde

La dovela es una pieza de piedra labrada, similar a un sillar pequeño, pero con forma de cuña, que acoplada radialmente con las dovelas contiguas forma un arco o dintel curvo que salva la distancia entre las dos jambas de un hueco.

El uso de dovelas es más habitual en la formación de arcos, donde, por la forma curva del elemento constructivo que forman pueden soportar grandes cargas transmitiéndolas hacia los extremos. El hecho de que tengan forma de cuña hace que, a más carga recibida, mayor es el esfuerzo de compresión que transmiten unas dovelas sobre las otras, acoplándose con más fuerza.

El **dintel adovelado,** en realidad puede considerarse como un arco plano, que no presenta curvatura en su intradós, es decir que forma un cierre superior del hueco horizontal.

Dintel adovelado.

En la práctica, es recomendable realizar el dintel adovelado de forma "casi horizontal", es decir dotar al dintel de una leve flecha positiva o contraflecha que mejore la transmisión de cargas y el acoplamiento entre dovelas. Esta flecha se consigue elevando levemente el nivel del punto medio del dintel respecto al nivel de apoyo sobre las jambas. De esta forma, la parte inferior del dintel queda con una leve pendiente ascendente, casi inapreciable, desde los laterales hasta el centro, con lo que la transmisión de cargas por compresión de las dovelas se realiza de forma más efectiva, soportando más peso sin deformarse.

 Consejo

Debido al nivel de capacidad resistente, y a los esfuerzos transmitidos, no es recomendable usar el dintel adovelado para huecos con luces importantes, siendo desaconsejado para huecos mayores de 1,50 metros de anchura libre.

Con respecto al dintel ejecutado con una sola pieza, el dintel adovelado ofrece algunas **ventajas e inconvenientes** que son necesarios valorar a la hora de la elección de uno u otro tipo:

DINTEL ADOVELADO	
VENTAJAS	**DESVENTAJAS**
Se evitan los problemas de fisuración que puede presentar el dintel de una sola pieza.	Ofrece menos capacidad portante que el dintel de una sola pieza.
Puesta en obra más fácil, con piezas sueltas que pueden ser manejadas normalmente de forma manual por los operarios.	En el dimensionado de las jambas hay que tener en cuenta que el dintel adovelado transmite mayores empujes horizontales en los apoyos.

3.1. Construcción correcta del dintel

Para la correcta ejecución del dintel se debe seguir una serie de pasos:

- Una vez que las jambas están construidas hasta el nivel de apoyo, se monta una cimbra con el encofrado previsto para las dimensiones del dintel.
- La cimbra debe replantearse con la contraflecha prevista.
- Una vez preparadas las dovelas, se van colocando comenzando por la pieza central, denominada **clave.** Esta pieza se coloca en vertical, teniendo sus caras laterales labradas con el ángulo de ajuste previsto.
- Posteriormente se van colocando a ambos lados el resto de dovelas, manteniendo la inclinación simétrica respecto al eje del punto medio de la clave.
- Una vez completado el dintel hasta apoyar correctamente en ambas jambas, se continúa ejecutando el resto de la fábrica en toda su longitud, apoyando la parte superior del hueco sobre el dintel.
- Se desmonta la cimbra cuando toda la fábrica se considere concluida y el mortero de las juntas y de relleno haya finalizado el proceso de endurecimiento.

Esquema de formación de un dintel adovelado

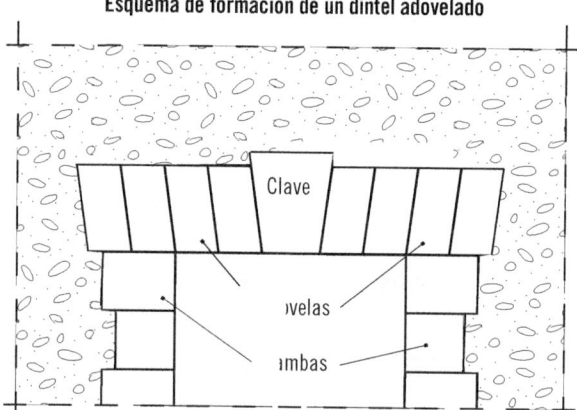

Aplicación práctica

Se va a secuenciar el proceso correcto de construcción de un dintel ado-velado a realizar en un hueco de ventana abierto en un muro de fábrica de mampostería. El procedimiento sería el siguiente:

1. Una vez ejecutado el muro hasta la altura de apoyo del dintel, se prepara sobre las jambas la superficie de arranque, nivelada con una capa de mortero.
2. Colocar un tablero que cubra toda la superficie del hueco, reforzado con una sopanda inferior de lado a lado, de forma que su cara superior coincida con la cota de apoyo del dintel.
3. Apuntalar sólidamente la sopanda, arriostrando el apuntalamiento late-ralmente sobre las jambas, evitando movimientos de la estructura provi-sional durante la ejecución.
4. Una vez preparadas las dovelas, labradas con los correspondientes án-gulos de acoplamiento, replantear su posición sobre el encofrado provi-sional. Ejecutar el dintel, colocando en primer lugar la clave, y posterior-mente colocar las dovelas a cada lado de la clave alternativamente hasta alcanzar el apoyo en las jambas.
5. Continuar con la construcción del muro en toda su altura.
6. Terminado el muro, y una vez que se considera sólido y estable por sí solo, aflojar levemente el apuntalamiento de los elementos auxiliares.

7. Mantener los medios auxiliares al menos 48 horas para observar que no se producen movimientos, asentamientos o fisuras.

8. Si se comporta correctamente el conjunto, desmontar definitivamente el apuntalamiento, dejando el hueco libre para su uso.

4. Cornisas

La **cornisa** es el elemento lineal que remata una fachada en su coronación. Se trata del elemento más saliente del edificio, que vuela sobre el plano del paramento, normalmente compuesto por piezas molduradas o por capas de ladrillos u otro material superpuestos, que salen hacia el exterior unos sobre otros escalonadamente.

Si la cubierta del edificio está resuelta mediante faldones inclinados de teja, el alero o borde exterior de dichos faldones arranca directamente desde el extremo de la cornisa. De esta forma, al encontrarse el alero a varios centímetros del plano de fachada, el agua que proviene de los faldones de cubierta se proyecta hacia el exterior, alejándose de la fachada. Es por tanto esta la principal función de la cornisa, evitar que el agua que cae en la parte superior del muro y la que proviene de la cubierta del edificio, resbale a lo largo del paramento de fachada causando problemas de humedad y deterioros de la fábrica.

Su otra función es la de proporcionar un remate estético al edificio o al muro que corona.

Construcción de cornisa en muro de mampostería, para formación de alero de cubierta inclinada. Cornisa moldurada ejecutada con piezas de piedra labrada.

Las cornisas que corona un muro pueden ejecutarse de diversas maneras, entre ellas las más utilizadas son:

- Piezas de piedra labrada y moldurada colocadas consecutivamente a lo largo de la fachada.
- Capas de ladrillo volando unas sobre otras formando el escalonado lineal de la cornisa.
- Piezas prefabricadas de hormigón o cerámicas.
- Fabricadas linealmente in situ mediante encofrados, moldes y hormigonado sobre la coronación del muro.

Para evitar desprendimientos, los elementos que forman las cornisas de un muro o fachada deben colocarse de forma tal que, al menos dos tercios de su longitud apoye en la coronación del muro, permitiendo que vuele como máximo el tercio restante. De esta forma se garantiza que su centro de gravedad se encuentre dentro del espesor del muro, evitando riesgos de vuelco hacia el exterior.

Esquema de formación de cornisa bajo alero de cubierta, realizada con piezas enterizas de piedra tallada

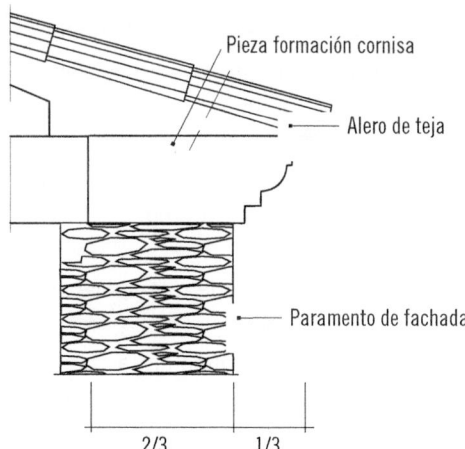

Pieza formación cornisa

Alero de teja

Paramento de fachada

2/3   1/3

4.1. Aplicación práctica

Se va a secuenciar el proceso de replanteo para la correcta colocación de una cornisa de remate de fachada, ejecutada con piezas de piedra labrada, sabiendo que:

- El muro tiene un espesor de 60 cm en su coronación.
- Las dimensiones del volumen capaz de cada una de las piezas que forman la cornisa son:

  - Ancho: 30 cm.
  - Fondo: 55 cm.
  - Alto: 25 cm.

- La dimensión en planta, de la zona moldurada que ha de quedar vista, es de 17 cm de fondo.

Así pues, el procedimiento es el siguiente:

1. Se ejecuta el apoyo para la cornisa, extendiendo una capa de mortero rasanteado y nivelado en la coronación del muro.
2. Se realiza la comprobación de seguridad de la entrega de la cornisa en el muro, verificando que la parte de cornisa que apoya en el muro es superior a dos tercios de su dimensión total.

   55 cm – 17 cm = 38 cm (Apoyo de la pieza en el muro).
   55 cm * (2/3) = 36,7 cm (Apoyo mínimo).

   En este caso cumple la condición de que apoye al menos dos tercios de su dimensión de fondo.
3. A continuación se replantea una línea en la coronación del muro, paralela al paramento y a una distancia hacia el interior de 38 centímetros.
4. En ambos extremos del muro se colocan sendas reglas aplomadas y haciendo coincidir su cara con la alineación replanteada.
5. Sobre las mismas se realiza una marca a 25 cm de altura, tomando como referencia la capa de mortero de regulación en la coronación del muro.

6. Se atiranta un hilo de replanteo entre ambas marcas, nivelado horizontalmente. Este hilo es el que sirve como referencia de colocación de las piezas de la cornisa, haciendo coincidir con el mismo la arista superior trasera de cada uno de los elementos que la componen.

 Recuerde

Además de favorecer a la estética del edificio, la principal función de la cornisa es evitar que el agua que cae en la parte superior del muro y la que proviene de la cubierta del edificio, resbale a lo largo del paramento de fachada causando problemas de humedad y deterioros de la fábrica.

Para evitar desprendimientos, los elementos que forman las cornisas de un muro o fachada deben colocarse de forma tal que, al menos dos tercios de su longitud apoye en la coronación del muro, permitiendo que vuele como máximo el tercio restante.

5. Impostas

Se denomina **imposta** a una hilada de piezas, que sobresale del plano del paramento del muro, y que sirve como apoyo a modo de estribo de un arco o de una bóveda. También se puede ubicar la imposta a lo largo del paramento exterior del muro, a una determinada altura, para expulsar el agua hacia el exterior y de esa forma impedir que se deslice de forma continua por la superficie del muro. Es esta quizá la función más habitual que toma en relación a los muros de mampostería.

 Definición

Estribo de una arco o bóveda
Laterales macizos donde descansa el arco.

Cuando se va a construir una imposta lineal, a lo largo del paramento de un muro de fachada, con el fin de evitar que el agua discurra libremente por su superficie, es habitual realizarlo con piezas de piedra labrada, empotradas en la fábrica. También es posible ejecutar la imposta con ladrillo o incluso con piezas prefabricadas, aunque esta opción es menos habitual en fábricas de mampostería vista.

Las piezas que formen este saliente, han de estar dotadas en su parte superior de cierta pendiente hacia el exterior, que evite que el agua que le llega por el paramento se detenga encima de la imposta. Esta pendiente ayuda a que el agua que le llega a la imposta sea despedida al exterior alejándola lo máximo posible de la fachada.

Si las piezas preparadas para formar la imposta no disponen de pendiente hacia el exterior en su cara superior, se debe colocar una **albardilla inclinada** que actúe de goterón, según se puede observar en la siguiente figura.

Croquis de construcción de imposta en fachada. Esquema de empotramiento en el seno de la fábrica de mampostería

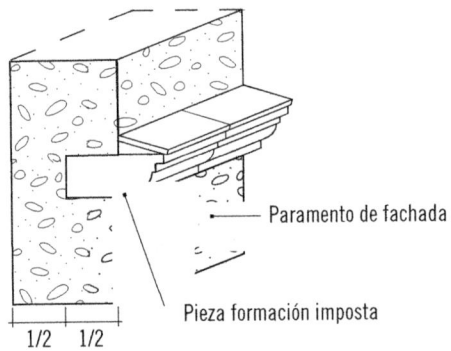

Paramento de fachada

Pieza formación imposta

1/2   1/2

Nota

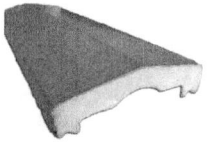

La albardilla ha de ir adherida a la imposta por su parte alta, y puede ejecutarse con piezas de plaquetas cerámicas, lajas de piedra labradas, etc.

La **imposta de fachada** se ejecuta cuando la altura de fachada es de dos plantas o más, y la cantidad de agua que discurre por su paramento es importante. En este caso, es práctica habitual hacer coincidir el nivel de la imposta con el nivel de suelo de cada una de las plantas altas. De esta forma se consiguen varias ventajas:

- Al ejecutarse una imposta a nivel de cada planta, que se encarga de expulsar el agua al exterior alejándola de la fachada, no se acumula un exceso de agua de lluvia resbalando por el paramento, con el consiguiente beneficio para la fábrica.
- La imposta actúa de goterón de cada una de las plantas, disminuyendo la cantidad de agua que a través de la superficie del paramento les llega a los huecos de puertas y ventanas, beneficiando de esta forma la durabilidad de las carpinterías. El tramo más alto de fachada cuenta con la protección de la cornisa.
- Al hacer coincidir las líneas de imposta con las divisiones verticales entre plantas se consigue estéticamente una modulación equilibrada de la fachada en sentido horizontal.

 Recuerde

La imposta de fachada se ejecuta cuando la altura de dicha fachada es de dos plantas o más. Esta actúa de goterón de cada planta, impidiendo que el agua de la lluvia resbale sobre el paramento y que llegue mucha cantidad de la misma a los huecos de puertas y ventanas.

5.1. Consideraciones a tener en cuenta en la ejecución de impostas

Para la construcción de una imposta lineal en fachada ejecutada con fábrica de mampostería vista se ha de tener en cuenta que:

- Las piezas que van a formar la imposta han de quedar empotradas en la fábrica como máximo hasta la mitad de su espesor, a fin de no crear una línea de debilitamiento del muro.
- En el caso de la imposta es suficiente con que quede empotrada más de la mitad de la longitud de sus piezas, sin necesidad de incrustar hasta los dos tercios, ya que al continuar el muro sobre la misma, queda encajada en el mismo evitando la posibilidad de vuelco.
- Una vez alcanzado con la construcción de la fábrica el nivel de colocación de la imposta, se debe regularizar horizontalmente el muro en la mitad de su espesor donde está prevista su colocación. La regularización se realiza vertiendo una capa continua de mortero, que actúe de base nivelada formando un estribo horizontal de apoyo en el espesor del muro.
- Antes de que comience el endurecimiento del mortero se colocan las piezas de la imposta, empotrando la longitud prevista, y asentándolas mediante golpeteo suave hasta conseguir el enrase.
- Para conseguir el enrase, nivelación y alineación correctos, es necesario ayudarse de un hilo de replanteo que actúe de guía, atado a sendas reglas en los extremos del paramento, perfectamente atirantado y nivelado.
- Una vez colocadas las piezas, se continúa con la construcción de la fábrica en todo su espesor y con las siguientes hiladas, envolviendo y empotrando la línea de imposta.
- Es imprescindible cuidar el correcto sellado de la intersección entre los elementos que forman la imposta y los mampuestos que se colocan inmediatamente encima, para evitar que esa junta pueda provocar una entrada de agua al interior del muro.

5.2. Aplicación práctica

A lo largo de una fachada de dos plantas, se encuentra ejecutada una imposta a nivel del piso de planta alta. La fachada está ejecutada con mampostería ordinaria y juntas rellenas de mortero, enrasadas.

La imposta está realizada con piezas de piedra labradas y molduradas en su parte baja vista. La cara superior de la cara vista es plana y horizontal. La imposta sobresale 12 centímetros del paramento exterior del muro.

A continuación se detallará una solución para los problemas de humedad aparecidos en la intersección entre la cara superior de la imposta y el paramento.

La imposta, en su cara superior ha de estar dotada de pendiente hacia el exterior para que discurra correctamente hacia el exterior el agua que le llega desde el paramento.

En este caso, al ser su cara superior plana, el agua se estanca en su superficie provocando problemas de humedad a la propia imposta y al muro.

Al estar ya ejecutada con piezas de esas características, la solución pasa por adosarle una pieza en su cara superior, dotada de pendiente, con la que se consigue un correcto funcionamiento de este elemento constructivo.

Es válida la opción de colocar una hilada de plaquetas cerámicas, dotadas en su borde de goterón, y con dimensión suficiente para que sobresalgan 3 centímetros de la arista exterior de la imposta.

Las plaquetas se deben colocar con una pendiente superior a 10 grados de inclinación hacia el exterior. Se toman con mortero a la cara superior de la imposta ya ejecutada. Mejores resultados de durabilidad ofrecerá si se utiliza un mortero adhesivo.

Para mejorar su funcionamiento y estanqueidad de la actuación, en la intersección de la plaqueta con el muro se debe abrir una roza mediante picado manual, de forma que la plaqueta empotre en el interior de la fábrica al menos 2 centímetros. Una vez colocada, se retaca la unión con mortero y una vez endurecido se impermeabiliza la unión con un cordón continuo de material sellante incoloro.

6. Albardillas

La **albardilla** es la hilada que corona o remata un muro exterior para desviar el agua hacia el paramento impidiendo que acceda al interior del muro desde su parte alta.

Para que la albardilla cumpla correctamente su función se debe colocar con una inclinación mínima de 10 grados con respecto al plano horizontal. Cuando el muro solo tiene uno de sus paramentos visto la pendiente debe estar siempre hacia el exterior, en cambio si se trata de muros divisorios exteriores, con sus dos paramentos vistos, la albardilla se puede realizar con pendiente a dos aguas, desde el eje del muro hacia cada uno de los dos laterales, creando una pequeña cumbrera central que desvíe el agua en las dos direcciones.

Albardilla ejecutada con lajas de piedra dispuestas horizontalmente sobre el muro de mampostería. En este caso se ha ejecutado sin goterón en el borde por lo que no cumple correctamente la función de evacuación de agua.

Se debe procurar que las piezas que formen la albardilla vuelen al menos dos o tres centímetros respecto al paramento del muro, evitando en la medida de lo posible que el agua que recoge la albardilla resbale directamente por la pared, con los consiguientes problemas derivados de la presencia de humedad.

Otro elemento que ayuda a evitar que el agua resbale directamente por el paramento es dotar de goterón a las piezas planas que formen la albardilla. Se denomina goterón a una acanaladura o hendidura lineal, en la parte que vuela sobre el paramento, que evita que las gotas se deslicen por la superficie inferior de la albardilla, haciéndolas caer antes de llegar a contactar con la pared.

**Formación de goterón en el borde de las piezas
de una albardilla sobre fábrica de mampostería**

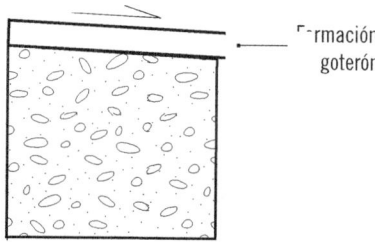

Formación
goterón

Existe una extensa variedad de materiales y tipología de construcción de albardillas sobre fábrica de mampostería. Entre los habitualmente utilizados se pueden citar, entre otros:

- Mediante lajas de piedra colocadas horizontalmente.
- Con hilada de ladrillo macizo colocados por tabla o por canto.
- Con plaquetas cerámicas.
- Con piezas prefabricadas de hormigón o cerámicas.
- Con tejas.

Al colocar las albardillas es necesario ejecutar juntas de dilatación entre tramos, al menos cada cuatro metros, para evitar que los movimientos de dilatación puedan romper las piezas o desplazarlas de su ubicación.

Estas juntas se deben sellar correctamente con material flexible que se adapte a los movimientos de las piezas sin disminuir la adecuada estanqueidad de la junta.

 Importante

Para que la albardilla cumpla su función con las máximas garantías, es necesario realizar un correcto rejuntado entre las piezas y sellado de las juntas.

Si es necesario, como medida complementaria es aconsejable colocar una lámina impermeabilizante u otro tratamiento antihumedad sobre la coronación del muro, antes de colocar la albardilla. De esta forma se protege el muro de las posibles filtraciones que pudieran producirse a través de las juntas entre las piezas de la albardilla.

Albardilla construida con hilada de ladrillo macizo colocado a sardinel.

7. Alféizares

El **alféizar** es el elemento que delimita la parte inferior del hueco de una ventana. Habitualmente se refiere el concepto de alféizar al elemento que remata o corona el antepecho, siendo este la parte de muro que queda debajo de la ventana, comprendido entre el suelo y el límite inferior del hueco.

Existen dos formas generales de realizar el alféizar de una ventana, y en cada una de ellas diversas tipologías y materiales, como:

- Con una pieza enteriza:

    - Alféizar de piedra labrada.
    - Alféizar de piedra artificial.
    - Con elemento prefabricado de una pieza.
    - Alféizar metálico.

■ Con varias piezas acopladas:

❚ Ejecutado con plaquetas cerámicas.

❚ Realizado con baldosas de barro.

❚ Ejecutado con ladrillo macizo colocado por tabla o por canto.

❚ Realizado con piezas prefabricadas acopladas, de hormigón, cerámicas o cualquier otro material que sea posible su adaptación.

Estas tipologías de alféizares son las más comunes, aunque es posible realizarlos con cualquier otro material que cumpla las mismas funciones y que garantice sobre todo la evacuación del agua que le llegue desde su parte superior.

Alféizar de ventana en muro de mampostería, construido con pieza enteriza de piedra labrada colocada horizontalmente en la parte inferior del hueco. En este caso, el alféizar actúa también de apoyo a las piezas de las jambas.

El alféizar se ha de construir con una pendiente como mínimo de 10 grados para facilitar la evacuación del agua.

El alféizar se realiza con longitud suficiente para que empotre lateralmente en las jambas como mínimo 2 centímetros, evitando una junta vertical que puede originar un acceso fácil al agua que resbala por la superficie de las jambas.

Consejo

Para un correcto funcionamiento del alféizar sería recomendable que esta pieza contase con un pequeño vuelo respecto al paramento para evitar que el agua resbale directamente por el mismo.

Debe cubrir la totalidad del espesor del muro, llegando a pasar por debajo de la carpintería de cierre del hueco.

Se deben evitar a toda costa las juntas a tope entre el alféizar y la carpintería o las jambas.

Se debe ejecutar un correcto sellado, con cordón continuo de material estanco, de las juntas que forma el alféizar con la carpintería y las jambas.

Las piezas que formen el alféizar deben colocarse de forma que vuelen al menos 3 centímetros con respecto a la superficie de la fachada. Además dicho reborde ha de contar con goterón en su parte inferior.

Si el alféizar se ejecuta con piezas sueltas acopladas entre sí, las juntas han de rellenarse con mortero o con otro material sellante que garantice la estanqueidad de la superficie.

Está indicado, especialmente cuando el alféizar no se ejecuta con una pieza enteriza, la colocación de una barrera impermeable sobre la coronación del antepecho, previa a la construcción del alféizar.

La barrera impermeable puede construirse mediante lámina asfáltica adherida, pintura impermeabilizante tipo caucho, etc.

7.1. Aplicación práctica

Con esta aplicación se pretende determinar, los pasos previos a la colocación del alféizar de un hueco de ventana ejecutada en un muro de mampostería de sillarejos, teniendo en cuenta que:

- El alféizar se ha de realizar con plaquetas cerámicas
- Se debe realizar la impermeabilización previa de la base del alféizar.

Solución

1. Una vez ejecutada la fábrica hasta la altura del antepecho se prepara la base para la colocación del alféizar.
2. A nivel de alféizar se traza el replanteo en planta de la ubicación de las jambas.
3. En el espacio entre el replanteo de jambas, sobre la última hilada de sillarejos colocada, se extiende una capa de mortero de regulación de 2 centímetros de espesor, dándole pendiente hacia el exterior.
4. Se ejecutan las jambas teniendo en cuenta que a nivel de alféizar es necesario dejar una hendidura de forma que el alféizar empotre como mínimo 2 centímetros.
5. Una vez endurecido el mortero de regulación se procede a la impermeabilización de la superficie.

Si se realiza la impermeabilización mediante tela asfáltica adherida, esta deberá tener la cara superior autoprotegida y con acabado granular específico para mejorar la adherencia del alféizar.

Por la misma razón, si la impermeabilización se realiza mediante capa de pintura impermeabilizante tipo caucho o similar, antes de su secado se debe realizar un espolvoreado con árido fino para que ofrezca un acabado de superficie rugosa.

6. Terminada la impermeabilización se ejecuta una capa de nivelación y protección de mortero.

7. Sobre esta se procede a la colocación de las plaquetas cerámicas, tomadas con mortero de cemento, ubicándolas con una pendiente mínima de 10 grados hacia el exterior.

8. Rejuntar y sellar las juntas entre plaquetas, rellenándolas con mortero.

9. Una vez acabado el hueco, sellar las juntas del alféizar en su intersección con jambas y carpintería mediante cordón continuo de material sellante.

8. Otros remates, molduras y elementos singulares

8.1. Intersección entre muros de mampostería en esquina

Cuando entre dos paños de muro de mampostería se ha de ejecutar una intersección en ángulo o en esquina, se ha de cuidar especialmente la estabilidad y solidez de este punto singular, ya que puede estar sometido a esfuerzos adicionales que provoquen problemas y deterioros en el mismo.

Especialmente cuando se trate de mampostería ordinaria u otro aparejo irregular, es necesario realizar el trabajo y remate de la esquina con piezas que aporten mayor superficie de asentamiento, como sillarejos o mejor aun mediante sillares regulares.

Intersección en esquina regularizada con sillares.

La esquina no se debe ejecutar a modo de pilastra recta que ofrezca escasa trabazón con el resto de la fábrica. Se realiza manteniendo entrantes y salientes, a modo de enjarjes que sirvan para acoplar los mampuestos de los paños de los muros adyacentes.

Para conseguir correctamente la formación de enjarjes en la unión con el resto del muro se pueden utilizar dos formas:

- Uso de sillares con distintas longitudes en planta, lo que permite que no formen una alineación vertical recta.
- Colocación de los sillares alternativamente en un sentido o en el otro de la intersección, formando entrantes y salientes.

Si en cada cara de la esquina se utilizan en una hilada más de un sillar, se deben colocar de forma que no exista continuidad vertical entre juntas de dos hiladas consecutivas.

Tras el replanteo de los muros, se comienza por ejecutar la esquina, arrancando con los sillares que forman la base hasta tener tres o cuatro hiladas ejecutadas.

Estos sillares servirán para marcar la alineación de ambos paños del muro. Se procede a la construcción del resto del muro con el aparejo previsto, en toda su longitud y hasta alcanzar la altura realizada con los sillares de esquina. Es fundamental garantizar la correcta trabazón entre los sillares y los mampuestos contiguos, reforzando las uniones y evitando la existencia de continuidad en juntas verticales.

De la misma forma se continúa simultáneamente, siempre teniendo en cuenta que la colocación de los sillares de esquina se siga ejecutando unas hiladas por delante del nivel de ejecución del resto del muro.

8.2. Construcción de desagües en muros en contacto con el terreno

Cuando el muro se construye en contacto con el terreno, como en el caso de muros enterrados de sótano o muros diseñados para la contención de tierras, es importante tomar las medidas de precaución necesarias que eviten la acumulación de agua en su cara interna.

La existencia de presencia de **agua acumulada** en el trasdós del muro provoca una serie de problemas importantes para la durabilidad de la fábrica, como son:

- El agua acumulada, por su propia presión, filtra a través del muro hacia el exterior, provocando patologías relacionadas con la humedad, como eflorescencias, roturas por heladicidad, aparición de manchas y mohos, etc.
- Se incrementa el empuje que las tierras contenidas ejercen sobre el muro, ya que con la presencia de agua se reduce su ángulo de rozamiento interno.
- El incremento del contenido de agua ablanda el terreno, alterando su configuración y cohesión, y por tanto se modifican las cargas que actúan sobre el muro.

 **Definición**

Ángulo de rozamiento interno

Es el ángulo que se forma entre el plano horizontal y el talud máximo en el que un suelo granular se mantiene estable por sí mismo.

Esta situación se agrava especialmente cuando el muro actúa de contención de zonas ajardinadas, donde los riegos periódicos aumentan considerablemente la acumulación de agua que se puede producir en el terreno.

Independientemente de los tratamientos antihumedad e impermeabilizaciones que se le realicen al muro en estos casos, para evitar esta acumulación de agua es necesario realizar una serie de **drenajes** o **tubos de desagüe** que propicien la salida del agua al exterior a través de mechinales abiertos en el paramento.

Tubo de desagüe pasante en un muro de mampostería de contención de tierras.

 Definición

Mechinal
Vano o agujero situado en la pared o muro.

Aspectos a tener en cuenta en la construcción de drenajes

La forma de construcción de estos drenajes se realiza habitualmente siguiendo una serie de condiciones:

- Se inserta en el muro un tubo circular, generalmente de PVC, de forma que atraviese totalmente todo el espesor, desde el trasdós hasta el paramento exterior.
- El tubo tendrá un diámetro interior mínimo de 90 mm, para evitar que se deposite la tierra que pueda arrastrar el agua y lo obstruya.
- El tubo debe tener una pendiente mínima desde el interior al exterior al menos del 5 % para garantizar un fluido correcto del agua acumulada en la parte trasera del muro.
- En la parte trasera del tubo, en su entrada, se le debe colocar una malla o rejilla metálica, de luz de malla inferior a 5 milímetros que impida el acceso a pequeñas piedras que dificulten el paso del agua.
- Cubriendo la rejilla metálica es aconsejable colocar una capa de fieltro geotextil u otro tejido separador filtrante que mantenga aislado el relleno de la boca del tubo.

Tubo de drenaje.

- En la zona alrededor de la entrada del tubo de desagüe se debe realizar el relleno con grava gruesa limpia, de forma que el agua acumulada filtre fácilmente hacia la boca del drenaje, sin arrastrar árido fino.
- En el extremo de salida del tubo, en la boca que desagua al exterior del paramento visto, se le realiza una embocadura de forma que oculte el extremo de PVC y no afecte la apariencia estética del muro.
- En el reparto de drenajes en el muro, se deben realizar de forma más numerosa en los niveles más bajos de la fábrica, espaciándolos conforme se asciende de nivel en el muro, ya que por gravedad, el agua acumulada en el trasdós filtrará por las capas de terreno hasta la zona inferior.

Como se aprecia en la siguiente imagen, existen diversas formas de fabricar estos remates exteriores del drenaje, mediante ladrillos, tejas, tubos circulares cerámicos, piezas prefabricadas, lajas de la propia piedra utilizada en el muro, etc.

Aplicación práctica

Seguidamente se especifica la secuencia correcta del proceso de construcción de tubos de drenaje para evacuación de agua acumulada en la parte trasera de un muro de mampostería destinado a contención de tierras de una zona ajardinada a distintos niveles.

1. Alcanzado el nivel de replanteo de la línea de drenajes, realizar el reparto según la distancia máxima definida para esa cota.
2. Cortar los tramos de tubo cuidando que atraviesen completamente el espesor del muro en ese nivel, dejando que sobresalgan levemente por la parte trasera.
3. Colocar los tubos de desagüe, apoyados en su parte delantera sobre los mampuestos de la última hilada. En su parte trasera, calzar con trozos de piedra para conseguir una pendiente mínima del 5 %.
4. Colocar alrededor de la boca de salida los elementos de remate exterior previstos según diseño (ladrillos, plaquetas, tejas, tubos cerámicos...). Fijarlos con mortero y colocar los mampuestos del paramento que los envuelven para que no se desplacen.
5. Fijar el resto del tubo acuñándolo y calzándolo en toda su longitud con trozos de piedra.
6. Afianzar todo el conjunto abrigándolo con mortero y piedras de mayor tamaño que impidan desplazamientos fortuitos del tubo mientras el mortero endurece.
7. Proseguir con la ejecución del muro normalmente hasta el siguiente nivel de drenajes siguiente, actuando de la misma forma.
8. Antes de proceder al relleno definitivo de tierras en el trasdós del muro, colocar en las entradas traseras de los drenajes las protecciones con rejilla metálica y filtro drenante para impedir el taponamiento del tubo con tierra y pequeñas piedras.
9. Al realizar el relleno, completar en la parte trasera de los drenajes con grava gruesa drenante que facilite el paso del agua hasta el tubo.

9. Resumen

Al ejecutar una fábrica de mampostería, existen una serie de elementos o puntos singulares con los que el operario habitualmente se va a encontrar, como son:

- **Dinteles adovelados.** El dintel es la parte superior de un hueco abierto en la superficie del muro, que soporta las cargas del muro ejecutado sobre el hueco, y que apoya sobre las jambas transmitiéndole dichos esfuerzos. El dintel adovelado es aquel que se ejecuta con dovelas, es decir, mediante piezas labradas de piedra, en forma de cuña, que correctamente acopladas salvan el ancho del hueco trasladando las cargas a los laterales.

- **Cornisas.** Cornisa es el elemento lineal que remata la parte alta de una fachada. Es el elemento más saliente del edificio, que se encarga de proteger la zona superior del muro, y proyectar hacia el exterior el agua proveniente de la cubierta alejándola del paramento y evitando que resbale por la superficie de la fachada.

- **Impostas.** La imposta consiste en una hilada de piezas, que sobresale del plano del paramento del muro, a una determinada altura, y que tiene la función de expulsar el agua hacia el exterior e impedir que se deslice de forma continua por la superficie del muro. También se denomina imposta a las piezas que sobresalen del muro y que sirve como apoyo, a modo de estribo, de un arco o de una bóveda.

- **Albardillas.** La albardilla es la hilada que corona o remata un muro exterior para desviar el agua hacia el paramento impidiendo que acceda al interior del muro desde su parte alta.

- **Alféizar.** El alféizar es el elemento que delimita la parte inferior del hueco de una ventana, rematando superiormente el antepecho. El antepecho es el paño de muro que queda debajo de la ventana, y está comprendido entre el suelo y el límite inferior del hueco.

- **Intersecciones con otras fábricas.** Para ejecutar la intersección entre dos fábricas es recomendable formar la esquina con piezas que aporten mayor superficie de asentamiento, estabilidad y solidez al conjunto. La forma correcta de realizarlo es reforzar el encuentro utilizando sillares o sillarejos. Se debe ejecutar dejando enjarjes que faciliten la traba correcta con el resto de la fábrica.

- **Drenajes.** Los drenajes son sistemas de evacuación que se empotran en el espesor del muro, de cara a cara, de manera que drenen y viertan al exterior el agua que se acumula en el trasdós de muros que se encuentren en contacto con el terreno o muros enterrados.

Ejercicios de repaso y autoevaluación

1. Indique cuáles de los siguientes elementos NO se considera un elemento singular de uso común en la construcción de un muro de mampostería:

    a. Imposta.
    b. Cornisa.
    c. Ábside.
    d. Albardilla.

2. ¿Cuáles son las ventajas e inconvenientes del dintel adovelado con respecto al dintel ejecutado con una sola pieza?

    _____

    _____

3. Relacione los siguientes conceptos con su significado:

    a. Elemento lineal que remata una fachada en su coronación.
    b. Hilada de piezas, que sobresale del plano del paramento del muro, a una determinada altura, para expulsar el agua hacia el exterior y de esa forma impedir que se deslice de forma continua por la superficie del muro.
    c. Hilada que corona o remata un muro exterior para desviar el agua hacia el paramento impidiendo que acceda al interior del muro desde su parte alta.
    d. Elemento que delimita la parte inferior del hueco de una ventana.

    ___ Alféizar.
    ___ Imposta.
    ___ Cornisa.
    ___ Albardilla.

4. Indique las formas que conoce de realizar las cornisas que coronan el muro.

    _____

    _____

5. Escriba tres cuestiones que se deban de tener en cuenta en la construcción de una imposta lineal en fachada ejecutada con fábrica de mampostería vista.

_____

_____

_____

_____

_____

Bibliografía

Monografías

▌ ARREDONDO VERDÚ, F.: *Materiales de construcción: Generalidades.* [s.l.] Dextra Editorial, 2019.

▌ *Enciclopedia CEAC de albañilería. Técnica y práctica constructiva.* [s.l.]: CEAC, 2003.

▌ SANCHEZ-LAFUENTE GÓMEZ, J. E.: *Montaje de revestimientos de fachadas trans-ventiladas.* Antequera: IC Editorial, 2014.

▌ MÁRQUEZ VILLAR, F. J.: *Preparación de los trabajos y replanteo de obras de mampostería, sillería y perpiaño.* Antequera: IC Editorial, 2013.

▌ VV. AA.: *Manual de albañilería.* Madrid: Ediciones Paraninfo, 2017.